KB109235

나무가 자라는
모습을 보았다

DICH SAH ICH WACHSEN Was der Großvater noch über Bäume wusste
by Erwin Thoma

“나무와 함께 있으면
인생은 외롭지만
가치 있다고 믿게 된다네.”

나무가 자라는 모습을 보았다

목수 할아버지가 전하는 나무의 매력, 인생의 지혜

에르빈 토마 지음 | 김해생 옮김

살림

목재에 바치는 송가

파블로 네루다

아! 내가 아는 한

그리고 다시 알아도

모든 사물 중에

가장 좋은 친구는

목재다

이 세상 어디를 가든

내 몸에, 내 옷에

묻어 따라오는

제재소의 냄새

붉은 널판의 향기

어린 시절

내 가슴과 내 목소리를

가득 채운 것은

베어 넘어가는 나무들

언젠가 집을 지어줄

울창한 숲들

우람한 낙엽송과

40미터나 되는 월계수에

도끼가 내리찍히면

나는 귀를 기울였다

왜소한 벌목꾼의

도끼와 밧줄이 순식간에

늠름한 나무줄기를

쓰러뜨렸다

인간이 승리하는 순간 나무줄기는

향기를 가득 품은 채 쓰러진다

흔들리는 땅,

둔중한 천둥소리

뿌리가 내뱉는

암울한 한숨

그때 내 감각은

숲 향기의 파도에

익사한다

그것은 어린 시절

물기 어린 땅에서 일어난 일

머나먼 남쪽 군도群島

황홀한 향기 가득한

녹음 짙은

야생의 숲에서

나는

각목을 만들었다

쇳덩이같이 무거운 널판은

깊은 잠에 빠져

좁다랗고

밝게 빛났다

톱이 부르는

사랑 노래는

날카로운 톱날이 쏟아내는

금속성의 한탄

톱은

잉태한 어머니처럼

숲에서 얻은 빵을 잘라

아이를 낳는다

빛이 쏟아지는

황야에서

자연의 속 켜를 가르며

톱은

인간에게 나무로

집과 궐闕

학교와 관棺

도낏자루와 탁자를

만들어준다

그곳 숲속에는

모든 것이

촉촉한 나뭇잎 아래서

잠자고 있었다

한 사내가

밧줄을 두르고

도끼를 들어 올려

나무를 벤다

나무는 상처를 입고

멋들어진 자태를

쓰러뜨린다

천둥소리와 향기가 퍼지고

그것은

인간의 손에 의해

건축물이 된다

형태가 된다

집이 된다

나는 너를 안다

나는 너를 사랑한다

나는 네가 자라는 모습을 보았다

너. 목재

그러므로

내가 너를 만지면

너는 연인의 몸뚱이처럼

내게 답한다

너는 내게 보여준다

네 눈과 살결을

네 몸에 난 마디와 점을

흐르지 않는 강물과도 같은

네 핏줄을

나는 안다

네 몸뚱이가

바람의 목소리로

부르는 노래를

귀 기울이면

폭풍이 몰아치는 밤

황야를 달리는

말발굽 소리가 들린다

내가 너를 만지면

너는 오직 내 손이 닿아야만

다시 살아나는 시든 장미처럼

네 몸을 펼치고

죽은 것 같았던

향기와 열정을

내게 선사한다

무딘 손끝에 전해지는

막혀버린 네 숨구멍들

너는 나를 부르고

나는 네 목소리를 듣는다

나는 나무들의 흔들림을 느낀다

내 어린 시절에

그늘을 드리워준 나무들

나는 네게서

대양大洋 위를 날아가는

비둘기처럼

책들이 날갯짓하며

날아가는 모습을 본다

인간을 위한

내일의 종이

깨끗한 인간을 위한

깨끗한 종이

내일 살게 될,

톱의 울음 속에

빛과 소리와 피를 찢으며

오늘 태어난 사람을 위한

종이

그것은 시간의 제재소

황야의 어둠이

내려앉는다

인간은 어둠 속에서

태어났다

검은 나뭇잎이 떨어지고

전장의 함성이 압도한다

삶과 죽음이

동시에 말을 한다

바이올린에서 나온 높은 음처럼

숲의 톱에서 나오는

노래, 아니 한탄이

목소리를 높이며

목재는 태어난다

그리고 세상을 향한

여행을 시작한다

언젠가 과묵한 목수를

만날 때까지

목수는 쇠톱으로 가르고

구멍을 뚫고

괴롭히면서

또 보호하면서

목재로 집을 짓는다

남자와 여자와 삶이

매일매일 서로 마주칠 집을

•

이 책의 제목으로 삼은 '나무가 자라는 모습을 보았다'는 칠레의 유명 시인 파블로 네루다의 아름다운 시 「목재에 바치는 송가」에서 따온 것이다.

네루다는 1904년 칠레의 파랄에서 태어났다. 본명은 네프탈리 리카르도 레예스 바소알토이며, 20세기 최고의 남미 시인으로 꼽힌다.

「목재에 바치는 송가」는 1954년에 발표된 연작시 「일상의 것들에 바치는 송가」 가운데 한 편이다. 네루다는 만년에 자신의 시작詩作을 돌아보면서, 자신이 좋아하는 사물에 대해 많은 작품을 써 바쳤다. 「목재에 바치는 송가」도 그 가운데 하나다.

네루다의 시는 전 세계에 수많은 언어로 번역되었다. 1971년에는 노벨문학상을 받았으며, 1973년 칠레의 수도 산티아고에서 별세했다.

•

값진 지혜로 나를 격려하고 고무해준 내 아내의 할아버지,
목수 고틀리프 브루거(1907~1999)에게 이 책을 바친다.

머리말

내 삶을 윤택하게 해준 고마운 나무

한 권의 책이 첫 출판된 지 20년이 지났는데도 여전히 많은 독자들로부터 사랑을 받고 있다면, 이는 판관判官인 독자들이 내린 판결로 봐야 한다. 이런 현상은 출판계에서 매우 보기 드문 일이다. 정말로 유용하고 값진 내용을 담은 책만이 이런 인기를 누릴 수 있다. 이 책의 저자인 내가 직접 이런 말을 하는 태도에 대해 매우 겸손하지 못하다고 생각하는 사람도 있을 것이다. 그러나 이 책이 전하는 내용의 대부분은 내가 처음 알아낸 사실이 아니라, 내 아내의 할아버지로부터 배운 것이다.

할아버지의 가르침이 내 삶에 얼마나 깊숙이 파고들었는지! 그리고 내 삶을 얼마나 윤택하게 만들어주었는지! 나는 그저 감사할 따름이다. 지금부터 이 값진 가르침을 모든 사람과 공유하고자 한다.

이 책이 오랜 기간에 걸쳐 독자의 사랑을 받는 또 하나의 이유는 아마도 여기에 실린 나무들의 이야기 때문이 아닐까 생각한다.

나는 1995년에 처음으로 전문가로 구성된 청중 앞에서 '벌채 시기와 월목月木; Mondholz'이라는 주제로 연구 발표를 했다. 그 후 격렬한 논쟁과 반론이 뒤따랐으나, 할아버지의 '월목'에 대한 지식은 마침내 명문인 취리히연방공과대학ETH에서 증명되었다.

이 책은 학술적 증명의 필요성을 느끼지 못하던 시대에 한 목수가 경험을 통해 얻은 지식을 그 후손이 물려받아 기록한 보고서다. 이 책이 아홉 차례 재판再版이 나오는 동안 20년이라는 세월이 흘렀으니 이제 손볼 때가 되었다. 제5장의 「땔나무 벌채에서 야적까지」는 이번에 새로 넣었고, 기존 판에 실었던 「인간과 나무, 영원한 우정」 부분은 그 내용을 간략하게 줄였다. 그 밖에 목재와 건강, 단열재를 쓰지 않고 에너지를 스스로 마련해 공급하는 집, 나무가 인간에게 던지는 말과 영향 등과 같은 개별 주제에 대해서는 따로 책을 써 상세히 다루었다. 이 책들도 세르부스Servus 출판사를 통해 세상의 빛을 보았다.

오늘날 전 세계적으로 선인들의 지혜가 다시금 주목받고 있다. 그 지혜를 얻는 길이 바로 나무와 자연으로 가는 길에 있다.

이제 그 여행을 시작해보자!

에르빈 토마

목재 다루는 데 유익한 정보

1

나무의
신비 속으로

눈을 감고, 단풍나무 식탁의 매끄러운 표면을
손으로 쓰다듬어보라.
그런 다음 곧바로 물푸레나무나 참나무의
미세한 구멍과 거친 표면을 만져보라.
눈을 감고, 너도밤나무의 단단한 껍질과
가문비나무의 부드러운 피부를 두드려보라.

오감으로 느끼는 신비

눈을 감고, 단풍나무 식탁의 매끄러운 표면을 손으로 쓰다듬어보라. 그런 다음 곧바로 물푸레나무나 참나무의 미세한 구멍과 거친 표면을 만져보라.

눈을 감고, 너도밤나무의 단단한 껍질과 가문비나무의 부드러운 피부를 두드려보라. 나무의 신비로 통하는 길은 많다. 그런데도 우리는 시각에만 의존해 그 길을 찾으려 한다.

눈먼 사내는 아내의 도움을 받으며 우리 집 안으로 들어왔다. 그 사내는 계단과 벽, 모퉁이 등을 지팡이를 이용해 분별할 수 있었지만, 그럼에도 아내는 남편이 장애물 때문에 깜짝 놀라지 않도록 주의를 기울였다. 간단한 인사를 나눈 후 사내는 우리 테이블에 앉았다. 그의 손은 곧바로 닳아서 매끄러워진 단풍나무 테이블의 표면을 더듬었다.

이 부부는 새집 바닥에 깔 목재를 찾고 있었다. 그러면서 무엇보다도 나무의 종류를 알고자 했다. 그런데 대체 이 눈먼 사람이 나무의 종류를 어떻게 구별한다는 말이지?

그 자리에 있던 사람은 누구나 이렇게 묻고 있었다. 다만 입 밖에 내어 말하지 않았을 뿐이다. 우리 아이들도 호기심 어린 얼굴로 테이블 주위로 다가왔다. 단지 우리 집 개만이 아랑곳하지 않고 늘 그렇듯 자기 자리에서 자고 있었다.

이 눈먼 사내는 살아오며 시각을 제외한 모든 감각을 예민하게 키웠다. 눈이 보이는 사람은 도저히 따라갈 수 없는 수준이었다. 사내는 어떻게든 시각을 대체할 만한 방법을 습득했음이 틀림없다. 그렇다고는 해도 이 사내가 오늘 우리 집에 찾아오기 전까지 자신의 모든 예민한 감각을 나무와 관련된 일에 이용한 적은 분명 없었을 것이다.

사내는 관심을 가지고, 조금은 조급증까지 보이면서, 자신의 아내와 나에게 나무의 종류를 하나하나 물었다. 그의 손가락과 손바닥과 손톱은 여러 가지 원목 바닥재 샘플을 확인하느라 바쁘게 움직였다.

흔치 않은 긴장감이 주위를 감돌았다. 우리는 모두 이 사내가 새로운 세계를 탐색하고 있다는 사실을 알 수 있었다. 우리 집 세 아이도 꼼짝 않고 테이블에 앉아, 이 비범한 손의 움직임을 지켜보며 놀라움을 금치 못했다.

손님은 밤이 깊어서야 돌아갔다. 이 부부는 현관, 거실 그리고 침실에 각기 다른 재목材木을 쓰기로 결정했고, 올바른 결정이었다고 확신하며 자신들이 고른 재종材種에 만족했다. 그리하여 가문비나무, 너도밤나무, 참나무를 가공한 바닥재가 우리 제재소에서 완성되었다.

예정대로 바닥 시공이 진행되면서 이 부부와 여러 차례 만남과 대화가 이어졌다. 그러는 사이 두 사람—카린과 안드레아스 부부—과 나 사이에는 우정이 싹텄다.

그럼에도 바닥 공사가 마무리된 후 이들 내외가 다시 우리 집을 찾기까지는 1년이라는 시간이 흘렀다. 안드레아스는 예전과는 달리 빠르고 확실하게 손으로 더듬으며 우리 집 현관과 부엌을 지나 안으로 들어왔다. 개구쟁이 같은 장난기와 우쭐하는 태도로 손에 나무가 닿기만 하면 무엇이든 바로 수종樹種을 알아맞혔다. 아무리 경험이 풍부한 목수라도 그보다 더 잘 알아맞히지는 못할 것이다. 나는 한참이 지나서야 비로소 정신을 차리고, 놀라 벌어진 입을 다물었다.

이 자리를 빌려 안드레아스에게 고마운 마음을 전하고 싶다.

나무는 셀 수 없이 다양한 방법으로 우리의 오감을 자극한다.

비록 우리는 매번 느끼지 못할지언정, 나무는 날마다 우리와 함께 하며 우리 삶에 영향을 미치고 있다. 나는 이 사실을 안드레아스를 통해 다시 한 번 확인할 수 있었다.

안드레아스는 내가 내 원칙을 굳건히 지킬 수 있도록 확신을 주었다. 나는 목재의 표면을 손보지 않은 채 놔둔다. 함부로 사용해 심하게 거칠어졌더라도 기껏해야 기름과 왁스를 칠할 뿐이다. 바니시 등을 칠해 표면에 난 구멍을 막아버리면 우리의 감각이 차단되어 나무의 신비로움을 느낄 수 없고, 따라서 나무와 깊고 다양한 관계를 맺기도 어려워진다.

'아이처럼 되어라.' 안드레아스 덕분에 내 인생에서 이 말은 새로운 의미를 얻게 되었다. 나는 나무의 표면을 만질 때마다 기분이 좋아진다. 그리고 손끝과 손바닥에서 시작된 그 느낌을 의식적으로 온몸으로 흘려보낸다. 살아 있는 나무든 베어낸 나무토막이든, 나는 이와 같은 방법으로 긴장을 풀고 에너지를 얻는다. 그럴 때마다 내 눈앞에는 수많은 경치가 펼쳐지는 듯하고, 나는 그 모습들을 내 몸 안으로 빨아들일 수 있을 것만 같다.

모든 독자에게 사물을 아이처럼 바라보고 놀라워하는 법을 배우라고 권하고 싶다. 살면서 가끔 그 비법을 쓴다면, 아주 작은 노력과 수고로 매우 큰 대가를 얻을 수 있다.

가능하면 많은 물건을 일생을 통해 지니고 싶은 천연의 재료로 마련하라. 그리고 그 모든 사물을 대할 때 아이가 하듯이 하라.

사물의 냄새를 맡고, 손으로 만져보고, 언제나 새롭게 이해하라. 선입관 없이, 무엇이든 알고 싶어하는 아이처럼. 이렇게 하면 옷가지도 가구도, 바닥재와 벽지도, 심지어 매일 사용하는 물건조차 힘의 원천이 되고, 휴식의 섬이 되며, 기댈 언덕이 된다. 이는 하늘이 주는 선물이며, 삶을 채우는 새로운 알맹이다. 우리는 이 사실을 깨닫고 받아들이기만 하면 된다.

불속에서 400년을 버틴 목재 벽난로

어린 시절에 나무로 만든 벽난로 하나가 내 마음을 사로잡았다. 이 예사롭지 않은 벽난로가 있던 집은 지은 지 400년쯤 된 농가였다. 그 집 식구들은 산에서 농사를 지었는데 우리 가족과 잘 아는 사이였다.

그 집은 내 고향 브루크 암 그로스글로크너의 가파른 초원에 있었다. 나무로 지은 집이었는데, 바위 위에 서 있는 모습이 마치 독수리 둥지와도 같았다. 벽난로는 낙엽송 널판으로 되어 있었다. 아래층의 열린 화덕에서 시작된 검은 연통이 침실이 있는 이층을 지나 지붕 널 위로 우뚝 솟아 있었다.

그때는 이 벽난로를 둘러싼 비밀과 지식이 내 직업과 인생을 결정하게 되리라고는 꿈에도 생각지 못했다. 이 목재 벽난로가 내 어린 머릿속에 단단히 자리 잡게 된 데에는 매우 특별한 이유가 있었다.

여섯 살 때였다. 나는 성냥을 가지고 금지된 장난을 하다 하마터면 건초 창고를 잿더미로 만들 뻔했다. 농부의 아들이라면 응당 발휘했어야 할 조심성을 그만 잊었던 터였다. 사고를 친 후 걸어야 했던 속죄의 길은 길고도 길었다. 마을의 경찰관 아저씨로부터 어머니께, 어머니로부터 아버지께, 아버지로부터 선생님께, 그리고 교장선생님에 이르러서야 마침내 끝이 났다.

속죄의 길에서 정류장을 하나씩 거칠 때마다 나는 새로운 조치를 '겪어야' 했다. 덕분에 어린 마음에도 두 번 다시 성냥을 갖고 위험한 장난을 칠 생각을 하지 않았다.

속죄의 길은 효과가 있었다. 지금까지도 나는 그 일을 잊지 못한다. 그런데 말썽꾸러기 소년이 속죄의 길에서 얻은 것은 화재에 대한 경각심만이 아니었다. 그 농가의 벽난로는 한번도 불에 타거나 불이 붙은 적이 없다는 사실을 알게 되었는데, 이유가 달과 관계가 있는 특정한 시기에 벤 특별한 나무로 만들었기 때문이라는 것이다. 이 사실은 내 상상 속에서 무한한 실용성과 엄청난 가치를 얻게 했다.

나는 불에 타지 않는 나무 이야기에 완전히 매료된 채, 성냥으로 무장한 개구쟁이 부대가 쳐들어와도 끄떡없이 버티는 건초 창고를 그려보았다. 이런 건초 창고라면 금지된 성냥 실험을 아무런 걱정 없이 또 할 수 있지 않은가? 그러자 철없던 시절의 불장난 때문에 받은 비난과 모욕이 깨끗이 보상되는 느낌이었다. 몇 년이 지나자 내 관심은 그 농가의 딸에게로 향했다. 오래된 목재 벽난로가 다시금 내 관심을 끌기까지는 그로부터 또 몇 년이 흘러야 했다.

아흔 살에도 반짝이는 눈

"나무를 벤 뒤에도 가공이 끝날 때까지는 또 몇 달이 걸렸어. 그 당시 우리가 일하던 건축 현장은 대부분 진입로가 없는 곳이었지. 크리믈러 아헨탈 골짜기의 농가와 방목장과 오두막이었으니까. 그러니 현장에서 모든 일을 스스로 해결하는 수밖에 없었단다."

눈치챘겠지만 이 이야기는 우리 할아버지가 들려준 이야기다. 정확히 말하자면 내 아내의 할아버지다. 할아버지는 목수였다. 그 어른은 제1·2차 세계대전 사이에 잘차흐강의 시원始原이 있는 잘츠부르크주 핀츠가우에서 일주일에 엿새씩, 새벽부터 날이 어두워질 때까지 일하셨다. 할아버지 소개를 좀 더 해야겠다.

"그래. 힘든 나날이었지. 하지만 그 당시에는 작업 속도를 두고 아무도 뭐라고 말하지 않았어. 절대 재촉하지 않았지. 우리는 우리의 연장을 쓰며 꾸준히 작업했단다. 호에 트라우어른 산속 빈트

숲에서 일하는 목수들의 숙소는 나무껍질로 지은 단순한 오두막이었다.

아흐탈은 사람이 살지 않는 골짜기야. 그곳 방목장에 우리가 등산객을 위한 대피소도 지었지. 호에 트라우어른에 처음 올랐을 때는 봄이었어. 우리는 여덟 명이었는데, 도착하는 즉시 제일 먼저 한 일은 나무껍질로 오두막을 짓는 일이었지. 우리는 대피소가 완공될 때까지 그곳에서 지냈단다.

숙소가 마련된 다음에는 통나무를 절단할 목재 작업대를 만들었지. 그 통나무는 지난 늦가을에 이미 준비해놓았던 거야.

우리는 무거운 통나무를 목재용 곡괭이로 찍어 고정하기 좋게 비탈에 늘어놓았단다. 그런 다음에는 물들인 밧줄을 통나무에 감아 선을 그었지.

우리는 나무틀에 톱날을 고정했단다. 이 틀톱을 세 사람이 다루었지. 한 사람은 작업대 위에 올려놓은 통나무보다 더 높은 위치에 서고, 두 사람은 작업대 아래 서서 틀톱으로 통나무를 켰어. 올려놓은 통나무에서 널판이 한 장, 한 장 베어져 떨어졌단다.

이 작업은 몇 주 또는 몇 달이 걸렸어. 하지만 작업은 언제나 변함없이 진행되었지.

거푸집과 바닥에 쓸 판재는 차곡차곡 쌓아 몇 주 동안 말렸어. 그리고 마지막에 손으로 대패질을 했지. 혀(두 널판을 잇기 위해 맞닿는 면 가운데에 만든 돌기—옮긴이)와 홈(혀가 끼이도록 맞붙는 널에 길게 낸 홈—옮긴이)도 손대패로 다듬었어. 그때 우리는 널조각의 너비가 모두 같은지 다른지 전혀 살피지 않았다. 너비는 언제나 나무 크기에 따라 정해지는 법이니까.

각목은 대부분 통나무를 손도끼로 빠개어 만들었단다. 그렇게 하면 요즘 네 목재소에서 만들 때보다 목재 파편이 훨씬 더 많이 떨어져 나와. 하지만 그 깊은 골짜기에 나무를 허비한다고 잔소리하는 사람은 아무도 없었지. 게다가 우리는 톱질과 마찬가지로 도끼질도 손으로 할 때가 더 빨랐거든."

다친 적은 없느냐는 내 질문에 할아버지는 이렇게 대답했다. "아니, 이유는 나도 몰라. 하지만 평생 한 번도 다친 적이 없어. 며

손톱을 이용해 통나무에서 판재를 켜내는 모습.

칠썩 손도끼로 작업을 할 때면 제 발등을 찍는 사람도 종종 나왔지. 그럴 땐 역청과 돼지기름, 그리고 아르니카 같은 몇 가지 약초를 쓰면 대부분 회복이 됐단다. 하지만 발이 마비되거나 잘못된 목수도 있었어."

할아버지는 이야기를 이었다. "나무로 집 한 채를 짓는 일은 1년이 걸리는 공사야. 큰 건물을 지을 때는 더 오래 걸렸지. 각목 하나하나, 널판 하나하나를 수없이 만지고 고르고 살피고 분류했어……. 우리는 언제나 그 일을 좋아했고, 즐거움과 자부심을 느겼단다."

"그런데 할아버지, 음식은 누가 해줬어요?"

아흔 살 노인의 주름진 얼굴에서 즐거움으로 가득 찬 두 눈이 반짝였다.

"내가. 나는 여름 내내 똑같은 프라이팬으로 똑같은 음식을 만들어줬단다. 밀가루, 돼지기름, 물로 만든 음식이었는데, 간단하지만 영양이 풍부한 음식이야. 벌목꾼이 주로 먹던 음식이지. 동료들은 늘 내가 해준 음식에 만족하는 것 같았어. 안 그랬다면 벌써 나를 쫓아버렸겠지."

할아버지는 당신이 지은 건축물 이야기를 하시거나 우리에게 나무로 만든 일생의 걸작을 보여주실 때면 눈에서 빛이 났다. 할아버지의 모든 작품에는 한 가지 공통점이 있었다. 현대의 기술, 목재 보호제, 바니시, 접착제, 유해한 화학물질 등을 할아버지와 동료 목수는 전혀 사용하지 않았다는 점이다. 그럼에도 그 시절에 지은 건축물은 물론, 수백 년 전에 지은 건물도 여전히 건재하고 있다. 그 건축물은 내구성을 증명하는 증거이자, 여기저기 맥이 끊긴 채 바쁘게 돌아가는 이 시대에 우리에게 자연으로 가는 길을 가르쳐주는 표지판이다.

할아버지가 우리 젊은 사람이 지은 목재 건축물을 살필 때, 힘줄이 불거진 손으로 판자벽이며 각목이며 바닥을 쓸어보시고 흡족한 눈빛으로 인정해주실 때면, 내 눈에서도 언제나 빛이 났다.

"흠 잡을 데 없구나! 너희들을 믿어도 되겠다." 우리 목재소에서 지은 목조 가옥을 보신 후 하신 이 말씀은 누군가 우리에게 해줄 수 있는 가장 큰 칭찬일 것이다. 아니, 이 말은 단순히 칭찬이 아니라, 할아버지의 수작업 전통과 현대의 유기적 목조 건축이 서로 맞물릴 수 있다는 가설을 뒷받침하는 증언이다.

오늘날과 같이 첨단의 가공기술이 요구되고 비용 절감에 민감한 시대에도, 자연적인 공법을 이용하면 수백 년을 견디는 건축물을 지을 수 있다. 자연적인 공법을 쓰면 당연히 건강과 환경을 해치는 화학물질을 사용할 필요도 없고, 막대한 비용을 들이지 않아도 된다. 이 과정에서 우리는 우리 주변의 나무에 얽힌 여러 가지 신비도 함께 체험할 수 있다.

인간과 나무, 영원한 우정

대학에서 산림학을 전공한 후 몇 년에 걸친 실습 기간이 끝나자, 나는 고향의 숲과 나무를 향한 길로 내 진로를 확정했다. 이제 400년 된 목재 벽난로는 내게 수천 년을 이어온 우정을 말해주는 징표이자 영원한 우정의 상징이 되었다. 그 긴 세월이 흐르는 동안 인간과 나무는 서로를 너무도 잘 아는 친구가 되었다. 인간과 나무는 서로에게 수많은 비밀을 털어놓았고, 서로를 배려하는 법

오스트리아 잘츠에 있는 옛 법원 건물. 700년 전에 나무로 지었다.

을 배웠다. 그뿐만 아니라 인간과 나무는 함께하면 무엇이든 할 수 있다는 사실도 알게 되었다. 이는 지난 수 세기에 탄생한 목조 건축 예술이 생생하게 증명한다. 수백 년 동안 비바람에도 무너지지 않고, 변함없이 우리 곁에 남아 있는 목조건물이 바로 그 증거다. 이들 건축물에는 유해한 목재 방부제나 화학물질이 전혀 사용되지 않았다.

인간이 나무 친구를 믿고 그 친구에게 기댄 적은 집을 지을 때만이 아니었다. 일상의 거의 모든 영역에서 우리는 이 오랜 우정의 흔적을 발견할 수 있다. 둔치를 이어주는 나무다리는 수질을 오염하는 어떠한 방수제도 바르지 않은 채 교각 위에서 수백 년을 버텼다.

화학처리를 하지 않은 목제 가구는 나무 고유의 색과 무늬로 하나하나가 독특한 작품이 된다. 목제 공구는 부드럽고 단단하면서도 가볍고, 와인과 코냑은 목재 술통 속에서 비로소 숙성이 완성된다. 나무로 처음 악기를 만든 옛 장인들은 그 비밀을 어떻게 알았을까? 나무로 만든 악기가 없었다면 우리는 그토록 아름다운 음악을 생각조차 할 수 없었을 것이다.

인간과 나무 사이의 우정과 비밀을 엿볼 수 있는 흔적은 인간의 삶이 기록된 이후 지금까지 건재하는 목조 건물과 목제 물건의 형태로 남아 있다.

벌목에 대한 가장 오래된 사료史料는 기원전 4200년에 나온 기록이다. 클라우스니처Klaus Dieter Clausnitzer에 따르면, 이 시대에는 원주목圓周木으로 쓸 나무는 대부분 겨울에 벌채했다. 그 후 이와 같은 기록은 중국 문명과 고대 로마, 그리고 중세의 목선木船 건조에 대한 기록을 거쳐 21세기 초에 이르기까지 계속된다. 카이사르에서 나폴레옹에 이르기까지, 로마의 사가史家 플리니우스에서 프랑스·독일·오스트리아의 임업 관련 법령에 이르기까지, 벌목을 위한 최적의 계절은 겨울이라고 나와 있다. 달의 주기에 따른 최상의 적기는 초승 또는 그믐이다. 벌목의 적기를 어긴 사람은 무거운 벌금을 물거나 나무를 압수당했다.

벌목에 대한 역사적 기록을 자세히 살펴보면 흥미로운 사실을 한 가지 더 발견할 수 있다. 벌목 시기뿐만 아니라 집·선박·교량

등 용도에 따라 적합한 재종을 고르고, 지질과 숲의 입지 등 나무의 생장도 고려하는 태도 또한 수천 년의 역사를 지니고 있다.

우리 시대에 화학적 목재 보호제의 사용이 날로 보편화되면서 마법 수련생이었던 인간은 자연적인 목재 보호의 전통을 포기하게 되었고, 더불어 모든 지식은 잊혔다.

다음 장章에서는 할아버지가 간단한 말로 알려준 여러 가지 지혜를 내가 제대로 이해하기까지 얼마나 별난 길을 에둘러 왔는지 밝힌다. 그 뒤에 이어지는 여러 장에서는 숲에서 자라는 나무로 당신의 삶에 자연을 들여놓을 수 있는 신기한 방법들을 소개한다. 나무로 만든 장난감을 구할 때도, 가구를 사거나 바닥 공사를 맡길 때도, 또는 나무로 집을 짓거나 집의 일부를 고치고자 할 때도, 우리는 쉽고 안전하면서도 자유롭게 자연의 신비를 경험할 수 있다.

2

적기에 벤 나무는 변형되지 않는다

크리스마스에 벤 나무로 지은 집은

열 배는 오래간다네

파비아노와 세바스티아노 축일에는

물이 오르기 시작한다네

유일하게 갈라진 각목

1988년 가을, 나는 티롤(오스트리아 서부에 있는 지역—옮긴이)의 카르벤델 산맥에서 산림 감시관으로 근무하고 있었다. 나는 당시 바이올린 제작자의 의뢰를 받아 적합한 재종을 찾아냈는데, 이 말을 들은 뮌헨의 어느 유명 건축가가 나를 찾아왔다. 그는 가족과 함께 살 집을 지을 계획이었다.

건축가는 외관의 아름다움을 까다롭게 챙기는 동시에 건강을 위한 건축의 기본 원칙도 지키고자 했다. 다시 말해, 천장을 각목으로 잇고, 현관 앞에 넓은 복도를 내어 튼튼한 널판으로 마감하고, 바닥에는 폭이 넓은 원목 바닥재를 깔고, 마당으로 난 테라스에는 가공하지 않은 낙엽송 목재를…….

그러니까 그는 이런 용도로 합판 바닥재 또는 테라스용 고압 방수 목재와 같은, '접착제로 여러 겹 붙인 판재'를 쓴다는 사실을 잘 알고 있는 사람이었다. 뿐만 아니라, 목재를 제대로 고르기만 하면 가공하지 않은 원목으로 시공할 수 있다는 사실도 알고 있었다.

이 건축가는 이러한 지식으로 무장하고, 이와 같은 소망을 품은 채 나를 찾아온 사람이었다.

나는 조금도 변형되지 않는 목재를 알고 있었다. 바로 내가 일하는 카르벤델 골짜기 저 높은 곳에서 천천히 자라는, 수령이 200년 또는 400년 된 '바이올린 나무'에서 얻은 목재였다. 그는 12월 말을 이 나무의 벌채 시기로 골랐다. 그러나 내 담당 구역은 눈이 어마어마하게 많이 내리는 곳이었다. 그 시기에는 눈이 2미터까지도 쌓인다.

"불가능해요!" 내 입에서 처음 나온 대꾸였다. "그 시기에는 산사태 때문에 클라이네 아호른보덴(Kleine Ahornboden: 카르벤델 산맥에 있는 고원—옮긴이)으로 가는 길이 너무 위험합니다."

그러나 건축가는 순순히 물러나지 않았다. 그는 나와 함께, 내가 제안한 나무들을 카르벤델 골짜기보다 훨씬 더 깊은 알펜포어란트의 렝그리저 렝엔탈 계곡의 나무들과 비교한 후, 카르벤델 산맥 높은 곳에 자리 잡은 요하니스탈 계곡의 나무만이 자신의 집을 짓는 데 적합하다는 결론을 내렸다.

이 사람은 불가능한 일을 가능하다고 믿었다. 그의 머릿속에는 오로지 누가 어떻게 눈사태가 위협하는 그 모든 비탈과 오솔길을 지나, 요하니스탈 깊은 곳에 있는 특별한 나무를 적기에 벨지, 이 문제만이 맴돌았다. 나무를 향한 그의 확신과 불타는 소망은 마치 세균처럼 내게도 전염되었다. 나는 이 일에 점점 매료되었고, 이 과업을 달성하기 위해 자유업자 벌목꾼을 구했다. 연방산림청 소속 벌목꾼을 쓰는 데는 실패했다. 사람들이 눈이 허리까지 쌓인, 다섯 시간이나 걸리는 길을 가겠다고 나설 리 만무했다.

뜻이 있는 곳에 길이 있는 법. 내가 아는, 잘츠부르크주 출신의 어느 벌목꾼이 이 일을 맡겠다고 나섰다. 가을이 가기 전에 벨 나무를 하나하나 골랐고, 마침내 일은 벌목꾼의 손으로 넘어갔다.

1988년 12월 30일 새벽 4시. 우리는 벌목 길에 올랐다. 건축가, 지인 한 사람, 벌목꾼, 나, 그리고 내 개까지. 우리 일행은 모두 다섯이었다. 건축가는 같이 가지 않아도 되었건만 굳이 따라왔다. 톱, 곡괭이, 쐐기와 기타 연장을 네 개의 배낭에 균등하게 나누어 넣고 여행용 스키에 모피를 장착하자, 눈 속 깊이 파묻힌 요하니스탈을 향한 꼬박 다섯 시간의 등산이 시작되었다. 클라이네 아호른보덴과 랄리더러벤데 사이에 가을에 점찍어둔 가문비 거목들이 서 있었다. 날은 잘 잡았다. 벌목 적기였고, 달의 모양도 맞아떨어졌다.

두 사람이 1미터 높이로 쌓인 눈을 삽으로 헤쳤다. 나무줄기에서 가능하면 지면에 가까운 지점을 자르기 위해서다. 그래야만 귀한 나무를 알뜰하게 쓸 수 있다. 한 사람은 톱질을 하고, 한 사람은 쐐기를 박았다. 쐐기를 박는 데는 특별한 이유가 있는데, 모든 나무는 가능하면 우듬지가 산 아래를 향하도록 베어 넘겨야 하기 때문이다. 오후 3시가 되자 온몸이 땀에 젖었다. 하지만 행복했다. 우리는 교회 종탑 높이의 나무를 서른 그루 이상 베어 넘겼다. 안성맞춤인 날 안성맞춤인 장소에서, 우듬지가 산 아래를 향하도록 했다. 짓기로 한 집에 적합하고도 남을 나무였다. 나무 등걸에 올라앉은 내 개는 마치 그 날의 의미를 안다는 듯이 누워 있는 거목들을 바라보며 골짜기로 돌아가기를 기다렸다.

간단하게 간식을 먹은 후 우리는 서둘러 숲속 관사官舍로 향했다. 벤 거목들은 가지와 우듬지가 있는 그대로 산에 내버려두었다. 가지와 우듬지는 중요한 작용을 하기 위해 마지막으로 한 번 더 줄기에서 물을 끌어올릴 것이다. 우리는 이 나무들을 5월에 골짜기로 옮겨 우듬지와 가지를 치고, 시공 전에 여름 한철 더 건조하기로 했다.

그러나 일은 계획대로 되지 않았다. 건축가는 3월 말이 되자 서둘러 제설기를 보냈다. 임도林道에 남아 있는 겨울눈을 치우라는 뜻이었다. 건축주는 시공 일자를 앞당겨, 늦어도 5월에는 목재 공사가 끝나기를 바랐다.

화물차 한 대가 제재소로 통나무를 실어 날랐다. 과적을 하지 않으려면 마지막으로 실어온 나무 중에 큰 나무 몇 개는 두고 와야 했다. 1년 내내 나무를 실어 나르는 운반 기사들은 적재 화물의 중량에 대한 감각이 극도로 발달되어 있었다. 나무를 너무 많이 실었는지, 적재 한도에 딱 맞게 실었는지, 이들은 언제나 정확히 알았다.

하지만 이번에 온 기사는 화물칸의 반밖에 안 차는 물량을 싣기 위해 요하니스탈을 한 번 더 가느니, 차라리 과적 하기로 결정했다.

운반 기사는 깜짝 놀랐다. 통나무 몇 개를 더 실었는데도 화물은 생각만큼 무겁지 않았기 때문이다.

"감시관님, 제 평생 이렇게 가벼운 나무를 나른 적은 없었어요. 이게 어찌 된 일이죠?" 운반 기사가 내게 던진 질문이었다.

나는 이 질문에 마음이 흐뭇했다. 3월까지 가지를 치지 않고 그대로 놔두기를 잘했다는 말이 아닌가. 베어 넘어진 나무는 종족을 보존하기 위해 한 번 더 열매와 씨를 맺으려는 욕구를 발산한다. 벤 나무에서 가지를 치지 않고 그대로 두면, 가지는 줄기에서 엄청나게 많은 물을 끌어올린다. 따라서 줄기는 가벼워지기 마련이다. 게다가 우듬지가 산 아래를 향하도록 놓으면, 우듬지로 향하는 수액은 중력의 도움을 받아 더 빨리 흐른다. 이와 같은 건조 방식은 나무의 수분을 100퍼센트에서 40~50퍼센트로 줄일 수 있는 가장 자연스러운 방법이다. 이 방법을 쓰면 그 어떤 건조실보다 더 차분하고 평온하게 나무를 건조할 수 있다.

다시 건축공사 이야기로 돌아가자. 나는 재목을 중간 집하장에서 추가 건조도 하지 않고 모든 경험을 무시한 채, 5월에 '설익은' 상태로 쓰려는 건축가의 의도에 많이 놀랐다. 하지만 어쩌겠는가? 돈 주는 사람이 원하는 대로 하는 수밖에. 6월 말에는 새집에 목재 시공이 모두 끝났고, 상량식 때 나는 목수들의 기술을 확인하며 감탄했다.

나는 '내' 나무들을 매우 유심히 살펴보았다. 거실 천장에 내 나무가 아닌 다른 나무로 만든 각목 하나가 끼워져 있었다. 얼마나 놀랐는지 모른다. 나는 분명히 알아볼 수 있었다. 내 나무보다 훨씬 더 빨리 자란 나무, 내 나무와는 다르게 자란 가지에서 얻은 재목이었다. 나는 내 '나무 레이더'에 걸린 잘못 쓴 각목을 보고 가만히 있을 수 없었다. 건축주를 불렀고, 그는 어찌 된 사정인지 간단히 해명했다. 목수가 '내 각목' 가운데 하나를 잘못 자르고는 아무 생각 없이 자신이 갖고 있던 것으로 대체했다는 이야기였다.

그 정도는 큰 문제가 되지 않았다. 남다른 각목은 전문가인 나만 알아볼 수 있을 뿐, 그 집의 다른 모든 목재와 다름없이 아름다웠고, 흠잡을 데 없이 처리되어 있었다. 산뜻했고, 벌어지거나 갈라진 틈도 없었다.

나는 오늘날까지도 그 목수를 고맙게 생각한다. 의도하지는 않았지만, 그는 내게 값진 교훈을 주었다. 1년 후 유독 그 각목에만 손가락만한 균열이 생겼기 때문이다.

6년 후 나는 그 집을 다시 찾았다. 그때도 여전히 그 집에서 갈라진 재목은 오로지 대체된 각목뿐이었다. 요하니스탈에서 적기에 벌채한 나무는 설익은 채 시공했는데도 전혀 변형되지 않았다.

제대로 자란 나무를 선택해 적기에 벌채하는 일이 얼마나 중요한지 나는 잘 알고 있었다. 그러나 그런 나무로 이 집 행랑과 같은 단순하지 않은 대형 구조물을 실제로 균열 없이 지을 수 있으리라고는 전혀 생각지 못했다. 그리고 생산지가 양호하지 않은 '일반' 목재와 대체된 각목의 차이가 이렇게 크게 나타나리라고는 상상도 못 했었다.

그날 이후 나는 할아버지의 말씀을 새롭게 평가할 줄 알게 되었고, 덕분에 새로운 사실들을 깨닫고 체험할 수 있었다. 이 과정에서 얻은 지혜를 이 책을 통해 독자들과 나누고자 한다.

이 일을 경험한 후 더욱더 분명하게 깨달은 점이 한 가지 더 있다. 목재소 한 군데서 또는 목수 한 사람이 제재하는 나무의 양이나 건축공사의 규모는 전혀 중요하지 않다는 점이다. 집 전체를 나무로 짓든, 거실에 놓을 책장 하나를 만들든 다 마찬가지다. 중요한 점은 오로지 어떻게 만드느냐는 데 있다. 나무를 다루는 법. 그것만이 결정적인 사항이다. 우리가 자연과 공생하는 방법으로, 단순하고 자연적인 방법으로 나무를 다룬다면, 나무라는 멋진 재료로 못 만들 것은 거의 없다.

천장용 각목의 변형을 예방하려면 다음 사항을 지켜야 한다.

첫째, 제대로 자란 나무를 고른다.

둘째, 적기에 벌목한다.

셋째, 재목을 올바르게 보관·건조·가공한다.

기이한 켐브라잣나무

잘못 쓴 각목 사건이 일어난 후 몇 년이 지났을 때 나는 제재소를 운영하느라 매우 바빴다. 나는 수년 전에 이미 운영 방식을 바꾸어, 아내와 직원들과 함께 오로지 용도에 맞게 선별한 나무를 적기에 벌채해 가공하고 있었다. 주택용이든 건축자재든, 거푸집이든 원목 바닥재든, 우리는 이 원칙을 예외 없이 적용했다.

가을은 겨울철 달 모양에 따른 벌목의 적기가 시작되기 전이므로 톱질을 하기에 가장 편안한 시기였다. 이 시기에는 주로 정비작업을 하거나 이웃 농민을 상대로 제재대행업을 했다. 제재대행업이란, 농부가 자신의 통나무를 제재소에 팔지 않고 이것으로 판재와 원주목을 만들어 달라고 요구하면, 우리가 돈을 받고 대신 제재해주는 일이다.

어느 화창한 가을날 한 농부가 우리 제재소를 찾아왔다. 농부는 켐브라잣나무 한 무더기를 제재해달라고 했다. 우리는 다음 주에 제재해주기로 했다.

켐브라잣나무는 호에타우어른에서 고도가 2,000미터를 넘는 지대에서도 자란다. 켐브라잣나무가 재목으로 인기 있는 이유는 단지 좋은 향이 나기 때문만은 아니다. 켐브라잣나무의 향은 수지樹脂에 함유되어 있는 에테르에서 나온다. 이 나무가 가구나 도구 또는 곡식 저장 용기로 자주 쓰이는 이유도 여기에 있다. 밀가루 벌레는 켐브라잣나무의 향을 대단히 싫어하기 때문에 산골 농민들은 자연스럽게 곡식의 피해를 막을 수 있다. 켐브라잣나무의 향은 몇 년이 지나도 사라지지 않으므로, 밀가루 벌레에게 미치는 영향은 대를 이어 유지된다.

켐브라잣나무에는 가공할 때 반드시 고려해야 할 특징이 한 가지 더 있다. 이 나무는 소나무과科인데, 모든 소나무는 추운 계절에 가공해야 한다. 통나무 상태로 너무 오래 놔둘 경우 목재에 푸른 얼룩이 생기는데, 이 얼룩은 일종의 버섯에서 나오는 것이다. 봄이 되어 공기가 따듯해지면 나무에 버섯이 피고, 푸른 얼룩이 수피樹皮에서부터 시작해 줄기 속으로 번진다. 푸른 얼룩이 목재의 구조나 견고성을 해치지는 않지만, 이 때문에 아름다운 켐브라잣나무의 가치가 떨어진다.

9월에 켐브라잣나무를 가공해달라는 사람은 흔치 않았다. 피치 못할 사정이 아니면 아무도 더운 여름에 켐브라잣나무를 마르지 않는다. 더구나 그렇게 많은 양을 제재하라니! 무더운 여름에는 재목에 푸른 얼룩이 생길 위험이 너무도 컸다. 일주일 후 켐브라잣나무에 처음 톱을 댔을 때, 과연 어떤 결과가 나올지 무척이나 궁금했다.

황홀한 켐브라잣나무 향이 순식간에 제재소 전체에 퍼졌다. 나는 눈앞에 벌어진 상황을 도무지 이해할 수 없었다. 켐브라잣나무의 둥근 줄기가 얼마 전에 벌채한 나무 같지 않았기 때문이다. 앞면은 마치 여름 한철을 누워서 보낸 나무처럼 갈색을 띠고 있었다. 그러나 우리가 그 줄기에서 마름질한 판재와 원주목은 빛나도록 희고 신선했다. 푸른 얼룩이나 나무좀의 흔적은 전혀 찾아볼 수 없었다. 만약 이 나무를 유난히 길고 더웠던 지난여름 내내 숲이나 보관소에 방치했다면, 얼룩이나 좀 흔적은 반드시 있어야 했다. 벌채한 지 얼마 지나지 않은 나무가 아니고는 그토록 하얀 판재가 나올 수 없었다.

잠시 후 나무 옮기기를 마친 농부가 마침내 비밀을 털어놓았다.
"예. 널판이 이렇게 희고 고와서 저도 기분이 좋습니다. 버섯도 없고 나무좀도 없군요. 지난여름이 너무 더워서, 제 나무가 손상되지나 않았을까 걱정이 많았어요. 벤 나무를 1년 가까이 숲에 내버려두었거든요. 건초를 만드느라 너무도 바쁘다보니 아무도 산에 가서 나무를 가져올 시간이 없었어요."

나는 이 농부가 나를 놀린다고 생각했다.

"아니요. 농담이 아닙니다." 농부는 대답을 이었다. 나무를 적기에 베면 그럴 수도 있다는 사실을 나야말로 알고 있어야 하지 않느냐는 말이었다. 그제야 수수께끼가 풀렸다. 그 농부는 켐브라잣나무를 작년 12월에 베었던 것이다. 12월 21일에. 달의 모양이 그믐달일 때!

작년 같은 날에 우리도 바닥재용 나무를 벌채했었다. 다만 우리는 이 재목을 얼마나 오래 내버려두어도 되는지 시험하지 않았다. 우리는 통나무를 더운 여름이 오기 전에 잘라 판재를 만들거나, 자연건조를 위해 차곡차곡 쌓아놓았었다.

달의 모양과 벌목 시기는 목재의 내구성뿐만 아니라 곤충, 균류에 대한 고유의 저항력에도 영향을 미친다. 이 사실을 가르쳐준 나무는 켐브라잣나무만이 아니었다. 벌레가 멀리하는 가문비나무와 낙엽송에서도 우리는 같은 사실을 확인할 수 있었다.

벌레가 멀리하는 가문비나무와 낙엽송

1992년 12월 초승 즈음에 상당수의 벌목꾼이 게를로스파스를 향해 길을 나섰다. 게를로스파스는 잘츠부르크주 잘차흐탈 계곡 최상단에서 티롤주 칠러탈 계곡으로 넘어가는 고개다. 이들은 그곳에서 자라는 아름드리 가문비나무와 낙엽송을 벌채하러 가는 길이었다.

나는 가을에 담당 산림관리사와 함께 벌채할 나무를 선별해놓았고, 벌목꾼들도 이 사실을 알고 있었다. 이들은 벌목 시기의 중요성을 강조하는 내 태도를 의아하게 생각했다. 수십 년 동안 벌목을 하면서 벌목 적기 따위를 지키는 사람은 본 적이 없다는 반응이었다. 하지만 나 또한 산림관리사 출신이었고, 확신을 갖고 하는 일이었다. 게다가 품삯을 지불하는 사람도 나 아닌가.

그 당시 벌목꾼뿐만 아니라 산림감시관조차 벌목 적기를 반드시 지켜야 한다는 내 주장을 못 미더워했다. 나는 이들의 의견을 존중했지만, 내 원칙을 포기하지는 않았다. 12월에 내 관심사는 오로지 지정된 벌목일을 정확히 지키는 일뿐이었다. 눈 덮인 숲속 현장에서 수령이 200년가량 된 낙엽송과 가문비나무가 내 계획에 따라 베어 넘어졌다. 그 후 예기치 않게 어떤 우연을 목격하지 않았더라면 그날의 벌목은 결코 특별한 사건이 되지 않았을 것이다.

당시 산림감독관은 내 벌목정이 다 지난 후에도 벌목꾼을 계속 쓰고 싶어했고, 결국 벌목꾼은 내 나무를 다 벤 후에도 벌목 작업을 계속했다. 내 일정의 마지막 날 마지막 나무가 베어진 후 재목은 엄격하게 분리되었고, 그 후에 벤 나무는 벌목 적기 따위는 아랑곳하지 않는 어느 제재소에 팔렸다.

재목이 서로 섞이는 일을 방지하기 위해 우리는 통나무를 화물차에 실어 숲 입구에서 약 100미터 떨어진 목초지로 옮겼다.

추가로 벤 재목을 구입한 톱장이는 우리가 통나무를 부려놓은 곳에서 80미터 떨어진 지점을 자신의 야적장으로 정했다. 우리 두 톱장이는 마음이 맞았고, 말도 통했다. 재목이 서로 섞이거나 없어질 걱정은 할 필요가 없었다. 머지않아 겨울 산에 눈이 내렸고, 두 야적장의 통나무 낟가리는 2미터 높이의 하얀 눈 이불 속에서 늦봄까지 겨울잠을 잤다.

그해 우리 제재소에서는 봄 늦도록 통나무 마르기에 여념이 없었다. 12월과 1월의 좋은 날에 벌채한 활엽수였다. 고갯마루에 쌓아둔 통나무는 껍질을 벗기지 않은 상태였지만, 나는 걱정하지 않았다.

통나무를 껍질을 벗기지 않은 채로 봄이 올 때까지 숲속에 방치하면, 그 나무는 나무좀의 부화와 번식에 이상적인 장소가 된다. 그러나 내 가문비나무와 낙엽송은 적기에 벌채한 재목이었으므로 아무런 문제도 되지 않았다.

그래도 5월이 되자 불안한 생각이 들었고, 나무를 들여다보러 고갯마루에 오르는 일이 잦아졌지만, 언제나 안심하고 골짜기로 돌아올 수 있었다. 나무좀이 파고든 흔적은 전혀 발견되지 않았다. 나무좀은 수피樹皮 또는 단단한 목질부木質部까지 파고드는데, 곤충이 습격한 사실은 구멍을 파느라 생긴 작은 가루로 쉽게 알 수 있기 때문이다.

걱정이 된 산림관리사가 5월 중에 전화를 했다. 그 사람의 담당 업무는 숲에 부려둔 재목에 나무좀이 번식하지 않도록 관리하는 일이었다. 나는 산림관리사의 걱정을 이해했다. 하지만 게를로스 파스에 부려둔 통나무를 제재할 차례가 되려면 몇 주는 더 기다려야 했다. 통나무를 제재하는 과정에서 수피가 벗겨지면 나무좀이 습격하지 않는다. 그러므로 재목이 나무좀의 부화 장소로 사용될 위험은 톱질을 하면 차단된다.

"프란츠, 내 나무에서 나무좀이 한 마리라도 나오면 곧바로 전화해. 그러면 내가 스케줄을 바꿔서라도 그다음 날 화물차를 보낼게. 나무가 도착하는 즉시 톱질하도록 하지." 나는 산림관리사에게 이렇게 약속했다.

나는 이 약속이 조금도 부담스럽게 생각되지 않았다. 산림관리사의 예리한 눈을 믿었고, 그에게 감시를 맡기면 재목 낟가리를 살피러 고개까지 갔다 오는 일을 한두 번은 줄일 수 있었다. 그 후 일어난 일은 놀랍기만 했다. 예상과는 달리 산림관리사에게서 우려했던 전화가 오지 않았다. 나는 기다렸지만, 전화기는 끝내 울리지 않았다. 때는 이미 6월 중순이었다. 산간지방에도 한여름이 찾아와 낮에는 뜨거웠고, 밤에도 기온이 크게 내려가지 않았다. 이때쯤이면 아무리 느리고 게을러빠진 나무좀이라도 정신을 차리고 부지런히 짝짓기를 하기 마련이다. 여기에는 의심의 여지가 없었다.

무더운 여름 어느 날, 나는 젊은 부부와 함께 재목을 살피러 고원 목초지로 올라갔다. 이 내외의 집을 짓는 데 필요한 재목을 마련하려면 상당히 많은 통나무를 가공해야 했다. 건축주는 건축분야 출신이었으므로 목재에 대해 잘 알고 있었다.

고갯마루에 오르자 나는 건축주의 손에 도끼를 쥐어주었고, 우리는 함께 통나무 껍질에서 나무좀의 흔적을 살폈다. 이럴 수가! 나무좀이 습격한 흔적은 눈을 씻고 봐도 찾을 수 없었다. 거기서 약 80미터 떨어진 곳에 이웃 톱장이의 통나무가 몇 개 남아 있었다. 같은 장소에서 벌채한 같은 나무가 같은 고원 목초지에 같은 기간 놓여 있었다. 이 나무와 내 나무는 같은 달에 베었지만, 벌목 때 달의 모양은 달랐다. 나는 초승에 벌목을 끝낸 반면, 이웃 야적장의 통나무는 그제야 베기 시작한 나무였다.

이웃 야적장의 재목은 나무좀으로부터 무차별 습격을 받은 상태였다. 구멍이 몇 센티미터 간격으로 나 있었고, 단 한 개의 예외도 없이 모든 통나무가 피해를 입었다.

두 야적장의 재목에서 내가 알아낸 차이는 오로지 벌목 때 달의 모양이 서로 달랐다는 점과, 내 나무는 미리 세심하게 선별했다는 점뿐이었다. 나무좀이 80미터 떨어진 곳에 있는 이웃의 나무는 습격하면서 왜 내 나무는 건드리지 않았는지, 이 의문을 학술적으로 해결할 수는 없었다. 하지만 나는 산림관리사로 일한 경험이 있다. 이때의 경험에 따르면 나무좀은 후각과 미각이 대단히 예민하고, 목표 지향 시스템이 매우 정확하게 작동한다. 이 곤충은 수천 그루의 나무 중에서 습격을 받았을 때 수지가 가장 적게 흘러나오고 저항력이 가장 약한 나무를 너무도 쉽게 찾아낸다. 이러한 점들을 고려하면 고원 목초지에서 벌어진 사태는 우연일 수가 없었다.

크리스마스에 벤 나무로 지은 집은
열 배는 오래간다네
파비아노와 세바스티아노 축일(1월 20일—옮긴이)에는
물이 오르기 시작한다네

예로부터 농촌에서 지켜오는 이 규칙을 나는 익히 알고 있었다. 뿐만 아니라, 겨울에 벤 나무는 여름에 벤 나무와 성분이 다르다는 사실도 알고 있었다. 겨울에 벤 나무가 여름에 벤 나무보다 균류나 곤충에 대한 저항력이 강한 이유도 여기에 있다. 그러나 벌목 때의 달 모양이 나무좀의 습격에 아니, 어쩌면 나무가 갖고 있는 천연의 저항력 전체에 이토록 중요한 작용을 한다는 사실은 나 또한 잘 모르고 있었다.

한마디로, 목재는 독성 물질이나 화학 약품을 사용하는 일 없이 자연적인 방법으로도 보호할 수 있으며, 숲에서 나무를 선별하는 작업과 벌목 시기에서부터 시작된다. 이 사실을 증명할 학문적 근거를 찾아봐야 할까? 아니면 이 사실을 깨달은 일만으로 만족해야 할까? 나는 집으로 돌아오는 동안 줄곧 고민했다.

갈라지지 않는 너도밤나무

너도밤나무는 산림관리사가 숲에서 일할 때 즐겨 바라보는 나무다. 너도밤나무, 가문비나무, 전나무로 구성된 혼합림의 부식토가 좋은 이유는 너도밤나무 이파리 덕분이다. 너도밤나무는 가문비나무와 같이 뿌리가 밋밋한 나무들보다 훨씬 더 깊이 뿌리를 내린다. 아름드리 너도밤나무는 폭풍을 비롯한 자연의 폭력으로부터 숲을 지켜준다. 이와 같이 숲 전체를 보살피는 특징 덕분에 너도밤나무는 '숲의 어머니'라는 별명을 얻었다.

너도밤나무 목재는 양날의 칼과도 같다. 밝고 불그스름하고, 보기에 매우 차분한 느낌을 주는 동시에 극도로 단단하고 내구성도 탁월하다. 너도밤나무를 사용한 바닥이나 가구는 사용자에게 '정돈된 삶'을 이끌어나갈 힘을 준다. 한 가지 성질만 제외하면 더할 나위가 없이 좋을 텐데……. 가공하지 않은 너도밤나무 원목은 그 어떤 목재와도 견줄 수 없으리만치 성질이 고약하다. 오스트리아에서 이 나무보다 더 심하게 갈라지고 휘고 굽는 재종은 없을 것이다.

나는 때때로 이 튼튼하고 에너지 충만한 나무가 자신의 목질부에 지나치게 많은 힘과 긴장감을 주고 있다는 느낌을 받곤 했다. 내가 원목 바닥재와 가구용 목재 생산에 재래종 너도밤나무를 쓰기로 마음먹은 데에는 이 느낌이 결정적으로 작용했다. 정상 정복을 꿈꾸는 산악인과도 같은 욕망으로 나는 마침내 힘차고 단단하고 튼튼하기 이를 데 없는 너도밤나무의 목질부를 공략하기에 이르렀다.

우리는 당시 다른 대부분의 재종에서 이미 검증된 방법을 너도밤나무에도 적용하기로 결정했다. 부식토가 풍부한 양질의 토양에서 곱게 자란 너도밤나무를 선별했고 적기에 벌목했으며, 야적과 자연건조에 충분한 시간을 들였다. 그럼에도 너도밤나무 원목으로 바닥재를 제작하는 일은 그 후 몇 년 동안 했던 일 가운데 가장 어려운 일이었으며, 대부분의 대화와 토론도 여기서 비롯됐다.

나는 너도밤나무로 시공한 바닥의 사진을 찍어 강연 중에 청중에게 보여주었다. 그럴 때마다 대목장大木匠 또는 소목장이 벌떡 일어나 우리 고장의 유럽너도밤나무로 제재한 원목 널판이 어떻게 그렇게 조금도 변형되지 않느냐고, 도저히 믿을 수 없다고 말했다. 그럴 때면 나는 이들을 초대해, 몇 년 전에 시공한 너도밤나무 바닥을 보여주었다. 많은 목수가 다녀갔는데, 이들도 두 눈으로 직접 확인한 뒤에는 의심의 눈초리를 거둘 수밖에 없었다. '우리' 너도밤나무를 생각하면 언제나 벌채 때 있었던 일이 떠오른다.

어느 가을날이었다. 처음 매입한 한 무더기의 너도밤나무를 다 가공한 후, 나는 오스트리아 알펜포어란트의 북부지방을 찾았다. 그 나무들의 모습은 지금도 기억 속에 생생하게 살아 있다. 숲은 온통 위풍당당한 거목으로 가득했다. 숲의 어머니들은 지름이 최대 1미터에 이르는 줄기를 자랑했고, 훗날 그 뒤를 이을 딸들이 벌써 혼합림의 땅을 덮고 있었다. 수령 높은 나무의 우듬지가 드리우는 그늘에서 어린 너도밤나무와 서양물푸레나무와 단풍나무가 성장에 필요한 공간과 햇빛을 기다리고 있었다. 수백 년을 버틴 나무는 어린 나무가 햇빛을 받을 수 있도록 이제 그만 자리를 비워주어야 할 때였다. 숲의 토양과 입지, 그리고 나무들은 내 예상과 맞아떨어졌다. 나는 이곳의 너도밤나무를 구매했고, 정확한 벌목 일정을 잡아 문서로 못 박았다.

몇 달 후 벌목이 시작되었다. 크리스마스 연휴가 지났고, 달 모양도 벌목에 적합했다. 그리고 '우리' 나무들이 베어졌다.

담당 산림관리사는 벌목 기간 내내 현장에 나와 작업을 지켜보았다. 산림관리사에게 내 벌목 방식은 새로운 경험이었다. 그는 여태 나무를 특정한 날에 베어달라고 하는 고객을 본 적이 없었다. 너도밤나무와 이를테면 가문비나무의 벌채에는 엄청난 차이가 있다. 긴 가문비나무 줄기를 절단할 때는 오로지 전기톱에서 나는 소음밖에 들리지 않는다. 너도밤나무를 벨 때는 달랐다. 이 경우 사람들은 천둥이 치는 줄 착각하곤 한다. 절단할 때 수피에서부터 목질부 깊숙이 커다란 균열이 생기는데, 이때 긴장한 나무 줄기가 '쩍!' 하고 소리를 내기 때문이다.

나무꾼들이 모두 숲을 떠난 깊은 밤에도, 갓 베어낸 너도밤나무 낟가리에서는 쩍쩍 갈라지는 소리가 나곤 한다. 더욱이 날이 밝아 습기를 머금은 낟가리에 해가 비치면, 그때까지 멀쩡하던 통나무들마저 천둥 같은 소리를 내며 갈라진다.

벌목 적기에는 아내와 아이들을 거의 못 보고 지낸다. 점찍어 놓은 나무들이 잘 자라고 있는지 살피기 위해, 그리고 벌목 적기를 지킬 수 있도록 여기저기 도움을 주기 위해 늘 돌아다니기 때문이다.

물론 알펜포어란트의 우람한 너도밤나무를 벌채하는 현장에도 내가 빠질 수는 없었다.

나이가 지긋한 두 벌목꾼이 내 나무를 벴다. 이 두 사람은 벌써 오래전부터 그 활엽수 구역에서 일해왔으며, 그동안 셀 수 없이 많은 나무를 벤 경험이 있었다. 둘 중 나이가 더 많은 벌목꾼이 현장에 도착한 나를 보자 머리를 가로저으며 이렇게 말했다.

"여기서 30년 동안 너도밤나무를 벴지만 이런 일은 처음입니다. 줄기가 갈라진 나무가 하나도 없어요. 평소와 똑같이 일했는데도!" 그는 큰 손으로 이마에 맺힌 땀과 들러붙은 나무 조각을 훔치며 젊은 동료에게 눈길을 건넸고, 동료는 그 말에 동의한다는 눈빛을 마주 보냈다.

그때까지도 내가 달의 주기에 맞춰 제시한 일정에 회의적인 반응을 보이던 산림관리사도 놀라기는 마찬가지였다. 지금까지 무수히 많은 너도밤나무를 팔아봤지만 이런 것은…… 단 한 그루도 갈라지지 않다니! 어떤 소리도 나지 않다니! 밤의 통나무 야적장에는 고요만이 감돌았다.

이 너도밤나무를 베고 야적하고, 제재소로 가져와 제재할 때까지는 그래도 갈라진 통나무가 몇 개는 생겼다. 그러나 그 정도는 보통 너도밤나무에 비하면 빙산의 일각이었다.

제재소에서 우리는, 이제 이 재목을 제대로 야적하고 건조하고 가공하기만 하면 더는 걱정할 일이 없다는 사실을 확인하고는 매우 기뻤다. 우리는 '긴장한' 너도밤나무를 간단한 방법으로 안심시켰고, 그 대가로 놀라우리만치 '얌전한' 재목을 고객에게 넘겨줄 수 있었다.

화재 피해 농가

여기서 화재 피해 농가란 잘츠부르크주의 특정 농가들을 가리키는 말이다. 수확한 건초, 그중에서도 '재생초'라고 부르는 두 번째로 벤 건초를 헛간에 들여놓는 순간부터 농부들은 걱정으로 몇 날 며칠 잠도 편히 잘 수 없었다.

건초 수확기인 한여름은 무더웠으므로 농부들은 으레 벤 건초를 뇌우가 내리기 전에 서둘러 헛간에 들여놓았다. 그리하여 건초가 젖는 일은 방지할 수 있었지만, 때때로 이보다 더 큰 위험이 농가 전체를 위협하곤 했다. 그 원인은 건초가 완전히 마르기 전에 너무 서둘러 들여놓은 데 있었다.

덜 마른 건초더미는 발효작용으로 몇 시간이 지나지 않아 내부 온도가 어마어마하게 오르고, 그 열로 인해 자연발화가 일어날 수 있다. 수백 년 전부터 대대로 농사를 지어온, 가업을 자랑스럽게 여기는 농부의 집이 하루아침에 잿더미로 변해버리는 사건은 드물지 않게 일어났다.

알프스 산골의 가파른 비탈에서 힘겹게 농사를 짓는 사람들은 이와 같은 재난에 부딪힐 때마다 살아남기 위해 서로 힘을 모았다. 잘츠부르크주 거의 모든 산골 농가에는 수백 년 전에 만들어진 권리 규정이 적용되는데, 이른바 사용권이라고 한다. 이는 화재를 입은 농민이 가옥 신축에 필요한 나무를 국유림에서 무상으로 베어다 쓸 수 있는 권리를 말한다.

화재를 입은 농민은 이웃들의 도움과 협동 정신에 힘입어, 숲에서 나무를 베어 서둘러 새집을 짓기 시작한다. 겨울이 오기 전에 아이들과 가축에게 머리에 일 지붕을 마련해주려면 응당 서둘러야 했다. 겨울이 오면 3,000미터 높이의 언 산봉우리에서 불어오는 칼바람이 온 마을을 휩쓸었다.

그러나 지난 수백 년 동안 시간에 쫓겨 급하게 집을 짓는 일은 재난 시에 국한된 예외적인 경우였다. 평상시 우리 조상은 집을 지을 때 그 집이 자신이 죽은 후에도 수백 년을 버틸 수 있어야 한다고 생각했다. 자녀와 손자는 물론, 그 후에도 대대손손 살아갈 집을 짓는다는 생각이었다. 이렇게 지은 가옥의 수명은 몇 대에 걸쳐 이어졌다.

이와 같은 공사는 시작부터 신중해야 했다. 원자재인 목재는 적기에, 때때로 예정된 건축이 시작되기 몇 년 전 겨울에 미리 숲에서 마련했다. 그리고 자연에 익숙한 산골 농민의 경험과 감각, 그 시대 목수의 기술과 전통을 모두 쏟아부으며 차근차근 작업을 진행했다. 이와 같이 신중한 자세가 아니었다면, 수백 년 전에 지은 농촌의 많은 가옥이 오늘날까지도 굳건히 자기 자리를 지키지는 못했을 것이다. 이들 가옥은 우리 자신의 뿌리를 증명해주는 소중한 상징물이다.

화재를 입은 농민은 집을 급하게 짓기에 시간이 많이 드는 공법을 이용할 수는 없었다. 건초는 여름철에 수확한다. 갓 수확한 건초의 자연발화로 인한 화재는 더운 여름이면 늘 일어나는 일이었다. 따라서 화재 피해 농민은 거의 모두가 여름에 벌채한 나무로만 집을 짓는다. 더욱이 이들은 통나무를 야적하고 자연건조할 시간조차 없었다. 이러한 사정은 가옥의 수명에도 영향을 미쳤다.

내가 아는 오래 유지된 목조 주택 중에는 화재 후 급하게 지은 집은 한 채도 없다. 확인된 바에 따르면 오래 유지된 건축물은 모두 전통적인 느린 공법에 의해 탄생되었으며, 특정 시기에 벌채한 나무로 지은 것들이다. 최소한 벌목한 계절만큼은 반드시 겨울이었다. 그리고 겨울 중에서도 특정한 날 또는 달의 주기에 따른 특정한 시기에 벌목을 했다는 옛 기록은 점점 더 많이 발견되고 있다.

왜 잘 보존된 목재 건축물 중에는 화재 피해 농민의 가옥이 없을까? 벌레가 꾀지 않는 가문비나무와 낙엽송, 모든 화재 피해 농가의 공통된 특징, 그리고 여름에 성급하게 벌채한 나무는 우리 자신의 집을 나무로 지을 때 반드시 명심해야 할 교훈을 준다.

빈틈을 보이지 않는 바닥재

처음 들었을 때 마법이나 동화 같은 이야기가 때로는 자연을 오래 관찰하게 만드는 계기가 되고, 그 덕분에 자연에서 많은 것을 배우게 된다.

이와 관련해 티롤 출신의 은퇴한 대목장이 들려준 이야기가 있다. 그 이야기는 참으로 믿기 어려운 이야기였다.

"나는 대목장 자격시험에 합격한 직후 부모님이 경영하시는 목재소에서 일하기 시작했어. 새로이 접하게 된 여러 가지 신기술은 젊은 대목장의 눈에 신기하기만 했지. 그래서 아버지한테 배운 벌목 적기 따위는 무시해버렸어. 토목업은 기술의 급속한 발전으로 변화하고 있던 시절이었으니까.

대목장 시험을 본 지 얼마 지나지 않아, 그러니까 크리스마스 즈음이었는데, 이웃의 한 농부가 우리 목재소를 찾아왔어.

'대목장, 우리 헛간에 바닥 공사를 해주게. 빨리 해줘야 돼. 바닥에 깔 나무는 내 숲에서 직접 베어 왔어.' 농부는 이렇게 말하며 집 앞에 세워 둔 달구지를 가리켰어. 달구지에는 갓 벤 가문비나무 줄기들이 실려 있더군.

나는 깜짝 놀라 그건 불가능하다고 말했어. 바닥재는 건조된 상태에서 시공해야 하거든. 제일 좋기로는 재목을 시공 전에 1년 이상 자연건조한 후에 쓰는 거야.

재목이 채 마르기도 전에 시공을 하면 마르면서 널판이 줄어들어. 그러면 널판 사이에 틈이 생기지. 그래서 나는 완공 후에 모양이 흉해질 게 뻔한데, 그런 일은 하고 싶지 않다고 말했지. 그러자 농부가 웃으며 이렇게 대꾸했어.

'맞는 말이야. 하지만 내가 갖고온 나무는 달라. 이 나무는 적기에 벤 것이야. 그러니 대목장, 안심하고 일을 맡아주게. 공사비도 지금 내지!'

나는 호기심에 그 일을 맡기로 결정했어. 곧바로 통나무를 톱으로 켜고, 야적이나 건조를 건너뛴 채 평삭平削 작업에 들어갔지. 그때 얼마나 고생을 했는지는 아직도 생생하게 기억해. 갓 베어 덜 마른 나무는 원래 대패질이 잘 안 돼. 평삭반平削盤에 널판을 통과시키는 일이 보통 힘든 게 아니었어. 평삭 작업을 마친 후 우리는 쉬지도 않고 공사를 시작했어. 고객이 원하는 대로 아직 '반쯤 언' 상태인 바닥재를 헛간에 깔았다니까.

그 일이 있은 후 거의 30년이 지나는 동안 나는 거의 해마다 그 농부의 집을 찾아가봤지. 그 집 헛간 바닥은 아직도 우리가 시공한 당시의 모습 그대로야. 판재 사이에 아주 작은 틈도 생기지 않았어. 면도날조차 들어가지 않을 걸? 정말이지 이 널판들이 모두 붙어 한 덩어리가 된 것 같았다니까."

여기까지가 티롤의 대목장이 들려준 이야기다.

겨울철 특정한 날에 아직 언 상태의 나무를 베어 곧바로 헛간 바닥재로 사용했다는 이야기와 보고서는 이외에도 꽤 있다. 농가의 헛간은 곡식을 타작하는 곳이다. 헛간 바닥에 깐 널판 사이에 틈이 생기면 곡식이 틈새로 주르르 흘러버릴 수 있으므로, 헛간에 쓰이는 바닥재는 빈틈을 보여서는 안 된다.

그러나 지금 이 이야기에 고무되어 '설익은' 바닥재로 거실 시공을 한다면, 비록 벌목 적기를 지켰다 하더라도 실망을 피할 수 없을 것이다. 우리는 '설익은' 재목으로 시공했음에도 틈이 생기지 않는 바닥의 비밀을 파헤치기 위해 무척이나 노력했다.

그 과정에서 한 가지 눈에 띄는 사실이 있었는데, 우리가 아는 모든 성공 사례는 난방을 하지 않는 공간에 시공한 경우였다. 난방을 하는 실내의 바닥을 충분한 야적과 건조를 거치지 않은 재목으로 시공했다면, 위에서 소개한 현상을 기대하기는 어렵다. 난방을 하는 실내용 바닥재를 만들 때에는 먼저 목재에 남은 마지막 한 방울의 수분마저 완전히 없애야 한다. 그러기 위해서는 적기에 벌채한 나무를 자연건조 방식으로 충분히 말린 뒤, 추가로 건조실에 넣어 가급적이면 오래, 차분히 말려야 한다(제4장 「그래도 건조실이 유용한 경우」 참조).

바닥 시공은 '달이 기울 때'

티롤의 대목장이 들려준 두 번째 이야기는 달이 자연에 미치는 영향을 설명하기에 매우 적절한 사례다. 대목장의 이야기를 소개한다.

"티롤의 아랫마을에 한 농부가 살았어. 그곳에서는 여름이면 으레 가축을 고원 방목장에 풀어놓는데, 어느 가을에 농부는 아들에게 물 함지 다섯 개를 방목장에 갖고 가서 땅에 박아놓으라고 시켰다네. 이듬해 여름에 가축들이 마실 물을 받아놓아야 하니까. 나무 함지를 샘가나 작은 개울가에 박아두면, 홈통이 없어도 물이 저절로 함지 가장자리를 타고 넘어 함지 안으로 흘러들거든.

아들은 아버지가 시킨 일을 다음 날로 미루고 싶었다. 하필 그날 이웃 마을에서 댄스파티가 열리기로 되어 있었던 거지. 하지만 아버지는 허락하지 않았지.

'잔말 말고 오늘 해!'

아들은 할 수 없이 방목장으로 올라갔어. 하지만 함지를 세 개만 박고는 말끔하게 차려입고 댄스파티에 갔지. 남은 함지 두 개는 며칠 뒤에야 박았다. 가을에는 아버지가 방목장에 갈 일이 더는 없다는 사실을 아들은 잘 알고 있었어.

아버지는 정말로 이듬해 봄에, 눈이 녹은 후에야 다시 방목장을 찾았지. 하지만 이때 기절초풍을 할 정도로 놀란 사람은 아버지가 아니라 아들이었어. 아버지가 다 알고 있다는 듯이 왜 함지 두 개는 나중에 박았느냐고 물었기 때문이지.

'그걸 어떻게 아셨어요? 아버지는 가을이 다 가도록 다시는 여기 안 오셨잖아요?' 아들이 물었어. 아버지는 이렇게 설명을 했다.

'함지들을 잘 봐! 적기에 박은 세 함지에는 물이 아직도 잘 흘러들어가고 있어. 그런데 나머지 두 개에는 물이 한 방울도 흘러들지 않잖아! 함지 밑만 씻고 지나가니 물이 찰 수가 있나!'"

적절한 시기에 땅에 박은 함지.

나는 대목장으로부터 이 이야기를 들었을 때 그 원인이 무엇인지 곧바로 알 수 있었다. 카르벤델의 산림감시관으로 일할 당시 내 담당 구역에 거미줄 같이 뻗은 임도를 관리하면서, 여름철이면 폭우로 인해 임도에 깐 자갈이 파헤쳐지는 사태를 수없이 목격했는데 달이 찰 때 내린 폭우인지, 달이 기울 때 내린 폭우인지에 따라 피해 규모가 확연히 달랐다. 폭우가 달이 찰 때 내린 경우에는 임도의 상태를 점검하러 가는 내 발걸음이 그다지 무겁지 않았다.

내가 경험을 통해 확인한 사실은 다음과 같다. 달이 찰 때는 폭우가 내리더라도 땅이 깊이 파이는 일이 드물었다. 대부분의 경우 여기저기 생긴 자갈 무지를 잘 고르기만 하면 되었다.

반면 달이 기울 때 임도에 폭우가 내리면, 갑자기 보이지 않는

물이 안으로 흘러들지 않는 함지.

어떤 힘이 작용하는 것 같았다. 빗물이 훑고 지나간 자리에는 어김없이 깊은 고랑이 파였다. 달이 기울 때 폭우가 내리면 복구해야 할 도로가 그만큼 많았다.

이 보이지 않는 힘을 확인할 수 있는 상황은 또 있다. 울타리 말뚝은 절대 달이 찰 때 박으면 안 된다. 이런 말뚝은 첫 서리가 내리면 벌써 흔들리기 시작하고, 부식도 빠르게 진행된다.

반면 달이 기울 때 혹은 초승에 박은 말뚝은 땅속 깊은 곳에서 누가 끌어당긴 것처럼 단단히 박힌다. 이런 말뚝은 오래 버티고 내구성도 좋다. 즉 말뚝을 박는 데 가장 좋은 시기는 달이 기울 때이다.

옛날에는 달이 지구에 미치는 힘을 바닥을 깔 때도 이용했다. 달이 기울 때 시공한 목재 바닥은 별로 삐걱거리지도 않고 변형되는 일도 드물다. 나는 잘츠부르크주의 어느 목재소에서 매우 드문 광경을 본 적이 있는데, 4대에 걸친 목수가족이 함께 일하고 있었다. 이 업체에서는 바닥공사는 당연히 달이 기울 때 하는 일로 여기고 있었다.

"우리 증조할아버지 때부터 그렇게 해왔어요. 우리가 그 장점을 포기할 이유가 없잖아요." 젊은 대목장은 이 말로 자신들이 오랜 전통을 지키고 있다는 사실을 증명했다.

나무와 유리, 그리고 진실 규명의 시간

7월의 어느 날 아침. 호에 트라우어른의 따사로운 햇볕이 고원 오두막의 판자벽에 내리쬘 때, 나는 그 옆에 종이와 연필을 들고 편안한 자세로 앉아 있었다. 햇빛과 바람과 눈비는 손으로 만든 나무 벽의 색깔을 고원의 주변 경치와 더없이 잘 어우러지도록 만들었다. 그 어떤 화가가 이보다 더 아름답게 채색할 수 있을까? 목재에 생긴 미세한 금들은 조금도 거슬리지 않았다. 널판 지붕이 온전히 유지된다면, 이 오두막은 몇백 년이 흐른 뒤에도 오늘의 모습 그대로 여기 서 있을 것이다.

가옥의 천장을 각목으로 덮은 경우에도 각목에 생긴 미세한 금이나 뒤틀림은 취향이나 미관상의 문제에 지나지 않는다. 건물의 안정성이 이로 인해 영향을 받는 일은 거의 없다. 그러나 목제 구조물 위에 대형 판유리를 장착하는 경우에는 가급적이면 얌전한, 변형되지 않는 목재를 사용해야 한다. 이 원칙은 '생사를 좌우할 정도로' 중요하다. 깨지기 쉬운 유리는 목재 지지대가 뒤틀리거나 갈라지는 움직임을 견디지 못한다. 깨어진 유리는 목재 지지대가 움직였다는 사실을 여실히 증명하므로, 사용된 목재에 대한 진실이 밝혀지고 만다.

우리 목재소에서는 온실을 지을 때 필요한 지지대는 가공하지 않은 원목을 사용해야 한다는 원칙을 너무도 당연하게 여기고 있었다. 그럼에도 유리와 목재로 온실을 짓는 일은 언제나 새로운 도전이었다.

1992년에 어느 젊은 가족이 의뢰한 공사는 아마도 지금까지 우리가 시행한 공사 가운데 가장 긴장되고 까다로운 공사였을 것이다. 이 가족은 새집을 짓기로 결정하면서 처음부터 온실이 딸린 집을 계획했다. 다만 우리가 익히 알고 있던 온실과는 달랐는데, 온실의 정면 벽이 시판되는 판유리 가운데 가장 큰 규격에 맞춰 설계되어 있었다. 그것은 높이가 5미터나 되는(!), 분리가 가능한 판유리 두 장을 겹친 이중유리였다. 이 공사가 결코 만만치 않으리라는 점은 건축가도 잘 알고 있었다. 지지대가 조금만 움직여도 유리는 긴장하게 되고, 마침내 그 큰 유리가 깨어지고 만다. 건축가는 긴장 현상이 적은 합판을 사용해 안정성을 확보하자고 제안하며 일단 원목 지지대 사용을 거부했다.

그러나 건축주 가족은 합판에 사용된 접착제의 유해성을 잘 알고 있었다. 이들은 자신들이 살 집을 짓는 중요한 사업에 합판을 사용하는 일을 허용하지 않았다. 결국 접착제를 사용하지 않은, 통나무 한 개로 제재한 원목 지지대를 마련해야 했다.

결국 우리는 이 공사를 맡았고, 입증된 방식으로 작업에 들어갔다. 나는 해발 약 1,400미터 위치의 토양이 좋은 숲에서 곱게 자란 가문비나무를 선별했다. 벌목은 적기에, 즉 겨울철 달 모양이 맞아떨어지는 시기에 했고(벌목 적기는 이 책 끝부분 「목재 다루는 데 유익한 정보」에서 확인할 수 있다), 야적과 건조도 우리에게 익숙한 방식으로 진행되었다. 꼬박 1년이 흐른 후 작업이 완성되었고, 우리가 만든 자재 위에 거대한 판유리가 장착되었다. 건축주 가족은 멋진 온실을 보며 행복해 마지않았다.

그 후 거의 4반세기가 지났다. 그사이 유리벽을 뜨겁게 달군 여름과 온실 외벽에 서리와 눈을 몰아붙인 겨울이 오가기를 누차 반복했다. 5미터 높이의 판유리는 처음 시공된 날과 마찬가지로 긴장 현상을 보이는 일 없이 원목 지지대 위에 편안히 서 있다.

이와 같은 구조물에서 목재가 위험하게 뒤틀리는 현상은 시공 후 첫 1년 사이에 발생하지 않으면 더는 일어나지 않는다. 이 사실은 전문가라면 누구나 알고 있다. 그러니까 적기에 벌채한 나무로 만든 우리의 원목 지지대는 성패 규명의 시간을 가뿐히 넘긴 셈이다.

온실이 완공되고 몇 년이 지난 후 나는 이 공사와 관련하여 여러 차례 강연을 했다. 공사 이야기를 하기 전에 강연에 참석한 대목장들과 소목장들에게 5미터 높이의 판유리를 접착제 없이 원목에 장착할 수 있느냐고 물어보면, 대답은 언제나 장담할 수 없다거나 안 하겠다는 말이었다.

어쩌다 목공 장인들조차 나무라는 재료에 대한 자신감을 이 지경까지 잃게 되었을까? 우리가 주의 깊게 차근차근 과정을 밟아나가기만 한다면, 집을 지을 때 인체에 유해한 화학물질이나 자연을 해치는 건축자재를 불가피하게 사용해야 하는 경우는 전혀 발생하지 않을 것이다.

온실의 성공으로 한층 고무된 건축주는 집 안에 다른 구조물을 하나 더 설치했는데, 그 구조물을 보는 순간 나는 모골이 송연했다. 집의 맨 위층은 천장을 가로지르는 긴 서까래가 밖으로 드러나 보이도록 시공되어 있었다. 방과 방 사이의 벽들은 이 서까래까지 높이 솟아 있었다. 그러나 건축주는 계단 앞의 홀과 그 옆에 자리 잡은 욕실 사이 공간만큼은 벽으로 완전히 차단하고 싶어 하지 않았다. 그러기 위해 건축주는 홀에서 욕실로, 그리고 욕실에서 홀로 햇빛과 인공의 빛이 들어올 수 있도록 벽면 맨 윗부분에 채광창을 설치해야 했다.

건축주는 우리 재목으로 만든 긴 서까래가 계단 앞 홀과 욕실의 천장을 가로지르는 모습을 싫어하지 않았다. 상상력이 풍부한 건축주는 유리세공사를 시켜, 서까래 각목들이 채광창을 통과할 수 있도록 채광창에 각목 치수에 꼭 맞는 사각형의 구멍을 냈다. 서까래는 뒤틀릴지도 모르므로 절대 얇은 유리로 지지하지 않는다. 창유리는 서까래가 조금만 움직여도 와장창 깨어지고 말 것이다. 이 구조물을 보면서 나는 그저 건축주가 내 재목에 보내는 크나큰 신뢰에 감탄할 뿐이었다. 나는 내 서까래의 움직임을 감지하는, 유리라는 특별한 측정 도구를 긴장된 마음으로 바라보는 수밖에 없었다.

몇 해가 흐른 지금 그 유리창이 아직도 '탈 없이' 온전하게 자기 자리를 지키고 있는 모습을 보면, 이 시도는 성공했다고 보아도 될 것 같다.

이 경우 안정적인 목재의 중요성은 더 말할 나위가 없다. 그러나 이러한 재목을 가구나 바닥 등 다른 용도로 사용하는 경우에도 완벽한 '부동자세'를 기대할 수 있겠느냐고 묻지 않을 수 없다. 이 질문에 나는 기대할 수 없다고 답한다. 왜냐하면 목재는 살아서 움직이는 천연의 물질이기 때문이다. 목재의 '부동자세'를 과도하게 요구하다보니 조립식 패널과 같이 면적이 넓은 널판들을 접착제로 붙이게 되고, 합성화학 물질로 된 보조제도 사용하게 된다. 건강과 환경에 여러 가지 문제를 불러일으키는 근본적인 원인이 바로 여기에 있다.

우리는 여기 소개한 일화에서 다음과 같은 결론은 끌어낼 수 있다. 목조건물을 지을 때, 공사가 아무리 까다롭더라도 석유화학 물질이나 염소합성 물질로 된 보조제를 사용하지 않고 자연이 우리에게 제공하는 가능성을 활용한다면, 그 일은 언제나 우리 자신을 위하는 일이라고!

3

좋은 입지에서 성숙한 나무들

수령이 천 년인, 속이 찬 참나무를 절단해보면

줄기 한가운데 실제로

천 년이 된 성분이 있다.

천 년의 세월은 그 흔적을 남긴다.

성숙한 나무는 덜 변형된다

수령이 천 년인, 속이 찬 참나무를 절단해보면 줄기 한가운데 실제로 천 년이 된 성분이 있다. 천 년의 세월은 그 흔적을 남긴다. 줄기에 저장되는 송진, 무두질 원료, 색소 및 기타 성분들은 시간이 흐름에 따라 그 구조가 변한다. 따라서 수령이 높은 성목成木과 어린 줄기는 목질부에서 차이가 난다.

스트라디바리는 바이올린의 재료로 쓰기 위해 곱게 자란, 수령 높은 엥겔만 스프루스(가문비나무의 일종—옮긴이)를 찾았다. 그가 원했던 나무는 줄기 내부의 성장 과정이 완료된 나무였다. 나무의 성장 과정은 바이올린 제작 외에 다른 곳에도 활용할 수 있다. 건

나이테: 수령이 1,000년인 참나무에서도 실제로
1,000년이 된 부분은 수심樹心 부분이다.

축자재의 경우도 오래된, 충분히 성숙한 나무에서 얻은 재목이 덜 자란 나무에서 얻은 재목보다 변형도 덜 일어나고 더 안정적이다.

목재는 어떻게 생성되는가

수령이 2,000년인 올리브나무에서 실제로 예수와 같은 시대를 산 부분은 어디일까? 나무줄기의 성장은 씨앗이 싹트면서 시작된다. 어린 나무줄기는 해마다 한 겹씩 얇은 세포층을 두른다. 그러니까

나무의 나이는 나이테를 통해 알 수 있다.

목질부의 성장은 줄기의 맨 바깥 켜, 즉 수피 바로 안쪽에서 진행된다.

수령이 2,000년인 올리브나무에서 실제로 2,000년이 된 부분은 안쪽 가장 깊은 켜뿐이다. 눈에 보이는 맨 바깥 켜는 다른 나무와 마찬가지로 바로 전해에 수피 안쪽에서 생성된 부분이다. 우리는 나무의 단면에서 이와 같은 층들을 나이테의 형태로 확인할 수 있다.

나이테를 보면 나무의 나이를 알 수 있다. 전문가들은 나이테의 간격과 조직구조의 균일성을 바탕으로 목재의 품질을 가늠한다. 나이테의 간격이 좁은 목재가 일반적으로 더 고급으로 평가받는다. 이를테면 침엽수의 나이테 간격은 1밀리미터를 넘지 않는다. 나이테가 촘촘한 목재는 그렇지 않은 목재에 비해 덜 갈라지고, 긴장도 덜 하며, 내구성도 더 뛰어나다. 이러한 목재의 구조는 옷감과도 매우 유사하다. 섬세하게 짠, 코가 촘촘한 직물일수록 더 크게 인정받고 더 높이 평가되며, 값도 더 비싸지 않은가.

고산에서 자란 나무는 조직이 치밀하다

적기의 벌목과, 용도에 따라 적합한 숲에서 적합한 나무를 선별하는 일. 이 두 가지는 자연적인 목재 가공 방식에서 따로 떼어놓을

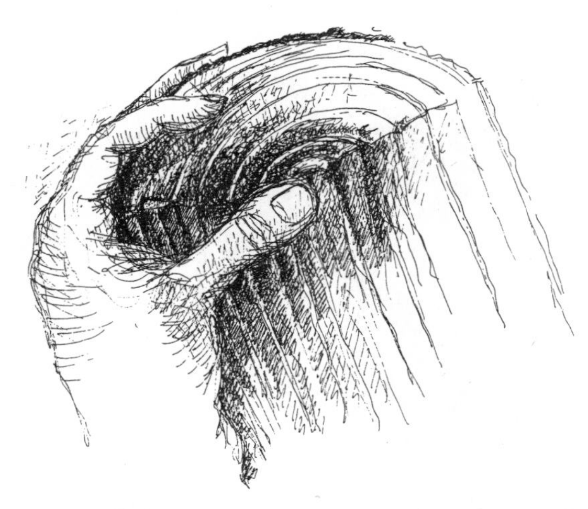

웃자란 가문비나무의 나이테는 간격이 넓다.

수 없는 기본 원칙이다. 나무를 적기에 베는 일과 적합한 입지의 숲에서 차분히 자란 나무를 선별하는 일 가운데 어느 것이 더 중요하냐는 질문은 닭이 먼저냐, 달걀이 먼저냐와 같이 무의미하다.

나무의 차분한 성장과 적기의 벌목이라는 두 가지 사항 모두 안정적이고 오래가는 재목을 구하는 데 필수적인 기본 요건이다.

알맞은 숲이 나무의 안정적인 성장에 미치는 영향에 관해서는 다음 장章에서 설명한다. 그 내용을 위에서 언급한 관점에서 상세히 읽어보기 바란다.

첫 번째 예로 가문비나무를 들어보자. 가문비나무는 유럽의 건축용 목재 생산에 가장 중요한 수종樹種이다. 해발이 낮고 양분이

천천히 자란 가문비나무의 나이테는 간격이 조밀하다.

풍부한 땅에서 빠르게 자란 가문비나무는 보통 나이테가 1~3센티미터에 이른다. 반면 같은 수종이라도 높은 산에서 자란 나무는 나이테의 간격이 기껏해야 1밀리미터밖에 되지 않는다. 이 섬세한 조직은 목재를 가공할 때나 집을 지을 때 또는 가구를 짤 때 여러 가지 장점을 제공한다.

이와 같은 관점에서 볼 때 목재는 섬유와 유사하다. 섬유조직이 섬세하고 촘촘할수록 그 직물은 신축성이 강하고 매끈하며, 질기고 오래간다. 저지대 산림의 웃자란 가문비나무가 거친 마麻라면,

천천히 자란 고지 산림의 가문비나무는 부드러운 실크다.

이런 우리 제재소에서는 목재의 높은 안정성이 요구되는 까다로운 건축에 쓸 재목으로는 오로지 해발 1,100~1,200미터 이상의 고지 산림에서 천천히 자란 나무만을 가공해 생산한다.

자연림에서 자라야 한다

숲의 입지나 나무의 태생과 관련된 또 하나의 현상은 '자연이 만든' 숲이다. 어머니인 자연은 여러 세대에 걸친 선별 작업과 진화를 통해 모든 숲과 모든 땅뙈기에 가장 적합한, 땅과 조화로운 균형을 이루는 혼합림을 조성했다. 어떤 토양, 어떤 기후대에서도 이와 같은 자연림에는 그곳에 가장 잘 적응한 수종들이 뿌리박고 있다. 음양의 조화를 생각하면 혼합림의 이치가 더 잘 이해될 것이다.

모든 원시림은 자연이 조성한 숲 공동체 또는 숲 가족이다. 오늘날 산림학계에서는 이러한 자연림의 가르침을 새삼스레 강조하고 있지만, 지난 2세기 동안 중부유럽 숲의 대부분을 바꾸어놓은 건 다름 아닌 산림 전문가다. 안정적인 천연의 혼합림 다수가 오로지 경제적인 이익만을 추구하는 사람 때문에 대부분 가문비 단순림으로 변했다. 1970년대까지도 산림학교에서는 '가문비는 산림경제를 살리는 빵나무'라고 가르쳤다.

환경에 가장 잘 적응한, 최강의 저항력을 자랑하는 가장 건강한 나무의 공동체가 오로지 이익 추구라는 명목으로 한 세대 또는 두 세대 사이에 수없이 파괴되었다.

그 후 땅에서 자연이 조성한 훌륭한 혼합림은 사라지고, 대신 토질에 익숙지 않은, 면역성이 약한 침엽수로 단순림이 조성되었다. 인간은 거기서 더 많은 금전적 수익을 기대했다.

원래 해발 1,100~1,200미터 이하의 따뜻한 저지대에는 사실상 침엽수만으로 구성된 자연림이 조성되지 않는다. 하물며 가문비나무만 자라는 단순림이 자연적으로 조성되는 현상은 상상조차 할 수 없는 일이다.

자연은 침엽수의 생장에 가장 좋은 환경을 고산지대와 북부지역에만 배정했다. 높은 산이라 하더라도 자연이 설계한 숲 공동체가 가문비 단순림으로 형상화되는 일은 극히 드물다. 대부분은 가문비나무·전나무·낙엽송·켐브라잣나무, 또는 소나무가 어우러진 숲이며, 여기에 단일 종의 활엽수도 함께 자란다.

인간은 단일 종의 침엽수 단순림이 수반하는 여러 가지 단점을 수십 년 동안 단순림만으로 산림을 경영한 뒤에야 비로소 깨달았다. 땅속으로 뻗은 뿌리는 천편일률이었고, 침엽수 잎으로만 생성된 부식토는 성분이 고르지 못한데다 산성이 너무 강했다. 곤충과 담자균擔子菌, 폭풍이나 폭설에 대한 나무의 저항력도 약해지기만 했다.

가문비 숲의 위치가 자연적인 생장 한계선을 멀리 벗어난 곳일수록, 다시 말해 평지의 온대지역 안쪽으로 깊숙이 들어온 지점일수록 그곳에 심은 가문비나무는 병충해에 대한 저항력이 심하게 저하되었다.

산림 관계자는 이러한 현상에서 많은 것을 배웠다. 유능한 산림관리사라면 누구도 더는 이런 곳에 가문비 단순림을 조성하려 하지 않을 것이다. 오늘날 산림관리사는 기존의 단순림을 혼합림으로 되돌리기 위해 노력하고 있다.

위와 같은 변화로 인해 집을 짓는 사람도 목재를 가공하는 사람과 마찬가지로 두 종류의 목재 중 한 가지를 선택해야 하는 상황에 처하게 되었다. 즉 자연적으로 자란 가문비 숲(주로 고산지대)에서 얻은 목재와 인공의 가문비 단순림에서 얻은 목재 가운데 하나를 선택해야 한다.

이 두 가지 목재 사이에는 흥미로운 차이점이 있다. 목재의 안정성과 내구성 측면에서 볼 때, 인공의 단순림에서 자란 가문비나무는 자연적인 성장 조건을 갖춘 숲에서 자란 가문비에 비해 전반적으로 질이 떨어진다는 점이다.

이를테면 나는 절대 알펜포어란트 기슭의 단순림에서 자란 가문비나무로 온실이나 유리벽처럼 까다로운 공사에 쓸 재목을 가공하지는 않을 것이다.

자연의 혼합림이나 알프스산 깊은 곳의 자연적인 고지 침엽수림에서 자란 가문비나무는 생장 환경이 익숙지 않은 단순림에서 자란 나무에 비해 훨씬 더 좋은 품질을 자랑한다. 혼합림의 구조에 자연스럽게 적응하며 성장을 마친 나무는 인공림에서 자란 볼품없는 형제와는 달리 언제나 안정적인 목재를 제공한다.

이는 숲에서부터 완제품에 이르기까지 수천 그루의 나무를 가공하면서 깨달은 사실이다. 그 과정에서 한결같이 지켜온 기본 원칙은 '자연을 관찰하고 따르라!'다. 숲의 입지를 고려하자는 목소리는 숲의 소유자뿐만 아니라 목재 가공 분야의 전문가와 목제품 구매자 모두를 향해 울리고 있다.

가구 구매자나 건축주가 목수에게 목재의 산지를 물으면, 목수는 그 재목을 산 제재소에 가서 알아보게 된다. 톱장이와 산림관리사가 이 물음에 직면하면, 이들은 나무를 쓰임새에 따라 분류하기 시작할 것이다. 이와 같은 노력은 마침내 독성물질이나 화학물질이 없는 목조 건축물로 결실을 맺게 된다. 인간을 생각하는 건강한 목재 가공과 자연을 닮은 혼합림의 조성은 우리 자신뿐만 아니라 우리의 후손을 위해서도 반드시 실행해야 할 과업이다.

같지 않은 일란성 쌍둥이

목공인 가운데는 언제나 일을 대충 해치우려는 사람이 적지 않다.

"가문비는 가문비야. 차이가 나면 얼마나 나겠어?" 이들은 언제나 이렇게 말한다. 각각의 나무가 보이는 차이는 숲의 토양과 기후조건의 차이에서 비롯한다. 한 그루의 나무에서도 부분에 따라 목질부의 구조가 얼마나 다른지 안다면, 생장 환경의 차이가 나무에 미치는 영향이 얼마나 큰지 짐작할 수 있을 것이다.

나는 잘츠부르크의 어느 알펜호른 제작자에게서 다음과 같은 이야기를 들었다. 이 악기 장인은 어느 날 큼직한 각목을 발견했는데 알펜호른에 안성맞춤인, 무엇 하나 흠잡을 데 없는 재목이었다. 이토록 훌륭한 악기용 목재는 매우 희귀했다. 알펜호른 제작자는 이 재목을 최대한 이용하고자 90쪽 그림과 같이 똑같은 알펜호른 두 개를 제재했다.

악기 제작자는 지름, 두께와 형태가 똑같은 악기 두 개를 만들기 위해 특수 장비까지 동원했다. 실제로 같은 나무에서 일란성 알펜호른 쌍둥이가 탄생했다.

그래도 한 가지 차이점은 남아 있었다. 제재 때 악기가 놓인 방향이 한 개는 재목을 얻은 나무의 뿌리 쪽에서 우듬지를 향했고, 다른 하나는 우듬지 쪽에서 뿌리를 향했다는 점이다.

완성된 악기를 불어보자 놀라운 일이 일어났다. 한 개의 나무줄기에서 나온 두 악기의 음높이가 전혀 같지 않았다. 악기 제작자는 두 호른의 음높이를 동일하게 만들기 위해 한 호른의 길이를 몇 센티미터 줄여야 했다.

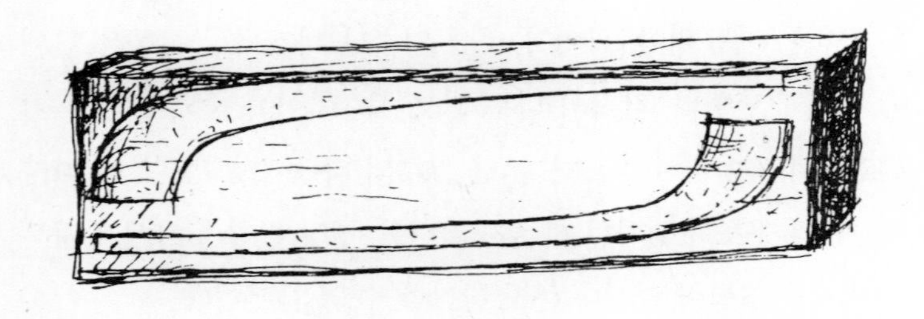

한 그루의 나무에서 나온 두 개의 알펜호른이 나무의 방향에 따라 각기 다른 소리를 낸다.

우리는 목관 악기에서 나는 소리를 통해 나무의 섬유질과 환경의 상호작용을 잘 알 수 있다. 튜브 내 공기 기둥이 나무의 성장 방향과 반대 방향으로 진동하는 악기는 공기 기둥이 성장 방향과 같은 방향으로 진동하는 악기와 다른 소리를 낸다.

악기를 만들 때든 목조 가옥을 지을 때든 목섬유木纖維의 구조와 목재를 다루는 방법에 따라 작업의 결과가 달라진다. 악기 제작의 경우 같은 나무라 할지라도 성장 방향이 결정적인 영향을 미친다. 반면 목조 가옥을 지을 때는 차분하게 자란 나무를 선택하기만 해도 충분히 좋은 결과를 얻을 수 있다.

스트라디바리의 발자취

바이올린, 첼로, 기타의 몸통을 만들 때에는 종잇장처럼 얇은 널빤지를 사용한다. 여기에 사용되는 목재는 뒤틀리거나 갈라지지 않고, 자유롭고 편안하게 진동하면서 좋은 소리가 나는 목재라야 한다. 대단히 까다로운 요구 조건이 아닐 수 없다.

나는 산림감시관으로 일할 때 내 담당 구역에서 바이올린 제작자 몇 명을 만나는 행운을 가졌다. 이들과 함께 적합한 '바이올린 나무'를 찾는 일은 종종 며칠이 걸리는, 불가능해 보이는 도전이었다. 마침내 바이올린 나무를 찾았을 때 그 순간의 기쁨은 쉽게 경험할 수 없는 벅찬 감정이었다.

바이올린 제작자들이 예나 지금이나 우리 제재소를 찾고, 좋은 재목을 구해 흡족한 마음으로 돌아가게 된 데에는 이때의 경험이 한몫했으리라 생각한다.

내가 지금까지 만나본 악기 제작자 가운데, 웃자라 나이테가 성근 나무를 악기의 재료로 쓰려는 사람은 단 한 사람도 없었다. 오로지 천연의 고지 산림에서 성숙한, 나이테가 촘촘한 가문비나무만이 악기의 몸통이 될 수 있다.

값진 바이올린 나무를 한 그루 찾을 때마다 느낀 그 순간의 기쁨은 내게 힘의 원천이 되어, 훗날 안정적이고 내구성이 뛰어난 재목을 찾아가는 길이 아무리 험난하더라도 끝까지 포기하지 않도록 용기를 북돋워주었다.

나는 이러한 경험을 할 때마다 산림 당국의 경영 방식에 회의를 품게 되었다. '위'에서 내려온 지시에 따라 삭벌削伐을 하고, 모든 통나무를 무분별하게 대량으로 시판하는 방식이 과연 목재라는 값진 원자재를 대하는 올바른 태도인가?

서까래 재목으로 '바이올린급'의 목재를 찾는다면, 이는 대단히 비합리적인 행동이다. 건축자재로 쓸 목재라면 숲의 입지를 고려하고 적기에 벌채한 나무만으로도 충분하다. 누차 언급했듯이, 이렇게 얻은 목재는 뒤틀리지 않고 안정적이며 내구성도 뛰어나다. 그러니 이런 재목을 사용하면 비용을 더 들이지 않고도 튼튼하고 아름다우면서도 건강에도 좋은 집을 지을 수 있다.

안정성과 내구성이 강조되는 건축용 목재는 고지 산림에서 충분히 생산되고 있다. 오스트리아 숲에서 벌목 후 추가로 성장하는 나무의 양은 벌목량을 능가한다. 현재 독일과 오스트리아의 연간 목재 소비량은 벌목 후 추가 성장분의 약 3분의 2에 지나지 않는다. 우리는 이와 같은 사실을 명확히 인식하고, 양질의 목재가 값싼 '인공림 목재'와 섞여 무분별하게 화학적으로 가공 처리되는 사태를 방지해야 할 것이다.

국토의 면적이 작은 오스트리아의 경우만 보더라도 약 2분간의 수목 성장분만으로 지하실부터 용마루까지 완성된 목조 가옥 한 채 분량의 목재를 얻을 수 있다. 완전한 목조 가옥을 짓는 데 필요한 목재의 양은 3분마다 한 채 꼴로 생산된다. 지난 20년간 오스트리아에서는 해마다 경제사정에 따라 약 5,000채에서 1만 채에 이르는 집을 지었다. 20년이 지난 현재 산림의 연간 목재 생산량은 한 해에 신축되는 모든 건물을 나무로 지을 때 필요한 물량의 약 23배에 이른다. 고지 산림에서는 나이테가 촘촘한 목재를 충분히 얻을 수 있다. 이는 자연이 우리에게 주는, 우리가 기꺼이 받아야 할 선물이다.

낭떠러지 끝에 선 두 형제

천연의 자원이나 생물체를 다루는 작업에서는 어떤 일도 도식화할 수 없다. 언제나 각각의 생물체를 관찰하고, 그 결과에 따라야 한다.

앞에서 설명한 인공 단순림과 자연이 빚은 숲 공동체에 관한 부분을, 천연의 혼합림은 모두 '바이올린 나무'나 '유리벽 지지대용 나무'만으로 구성되어 있다는 말로 이해하면 곤란하다. 사람과 마찬가지로 숲의 가족 구성원도 각자 타고난 성향과 소질이 다르다. 이를테면 오케스트라 단원을 뽑을 때는 최고의 연주자를 찾고, 수공업 분야에서는 손재주가 가장 뛰어난 사람을 원하며, 정신노동에는 가장 똑똑한 사람이 환영받는 현상은 일반 사회에서나 숲에서나 마찬가지로 적용되는 이치다.

산속 절벽 끝에서 자란 두 그루의 단풍나무를 보면 나무를 선별할 때 얼마나 꼼꼼히 살펴야 하는지 알 수 있다. 나란히 서 있는 나무줄기라 할지라도 그 목질부는 성장 상태와 품질이 서로 다를 수 있다. 지금부터 할 이야기를 이해하기 쉽도록 나는 친구에게 두 단풍나무를 그려달라고 부탁했다. 이 이야기가 목조 건축물의 품질을 높이는 데 도움이 되기를 바란다.

그림은 개울 위로 솟은 절벽 끝에 나란히 서 있는 두 그루의 단풍나무를 사실적으로 묘사한 것이다. 나무가 절벽 끝에서 자란다는 말이 무슨 뜻일까? 새싹을 받치는 뿌리는 몇 그램의 하중만 견디면 된다. 그러나 나무가 점점 자라면서 땅 위로 솟은 부분의 무게는 5톤 또는 10톤까지 이르게 된다. 나뭇가지에 눈이 내려 쌓이거나 폭풍에 우듬지가 굽으면 뿌리가 받는 부담은 몇 배로 증가한다. 뿌리는 자신이 받는 하중을 땅속으로 옮긴다. 나무는 정역학靜力學이 낳은 최고의 걸작이다. 이 세상 그 어떤 건축기사도 자신이 짓는 건축물의 하중을 나무뿌리처럼 간단하고도 훌륭하게 땅속에 분배하지는 못한다.

땅이 나무를 받치고 잡아주는 방식에 따라 목섬유의 안정성과 품질은 현저하게 달라진다.

이제부터 두 그루의 단풍나무 이야기를 본격적으로 시작하겠다. 이 두 나무는 낭떠러지 앞이라는 곤란한 입지에서 싹을 틔웠다. 곤란한 이유는, 나무줄기가 자라면서 땅이 받는 하중이 증가하면 이로 인해 절벽 끝 모서리가 무너져내리기 때문이다. 그 하중을 뿌리와 밑동이 받아 고르게 분배해야 하고 힘을 주어 그 자리에서 버텨야 한다. 나무는 땅속으로 잔뿌리를 뻗어 땅 위로 솟은 부분의 큰 하중을 절벽의 경사면으로 옮긴다.

나무를 지탱하는 일이 잔뿌리가 할 수 있는 유일한 일은 아니다. 잔뿌리는 모든 흙, 모래를 조심스럽게 끌어당기며 쉬지 않고 땅속을 한 켜 한 켜 파고든다. 그뿐만 아니라 물과 양분을 끊임없이 땅과 주고받는다. 모든 나무는 땅을 다지고 유지하고 형성하는

데 제 몫을 다한다.

이리하여 절벽의 경사면에서도 나무가 안정적으로 자랄 수 있고, 숲에서는 황폐한 땅뙈기도 몇백 년이 흐른 후에는 저절로 비옥토가 될 수 있다. 산림관리의 기술은 모든 숲의 땅에서 일어나는 이와 같은 기적을 인식하고, 자연이 하는 일을 방해하지 않는데 있다. 자연이 하는 일에 괜스레 인간이 끼어들 필요는 없다.

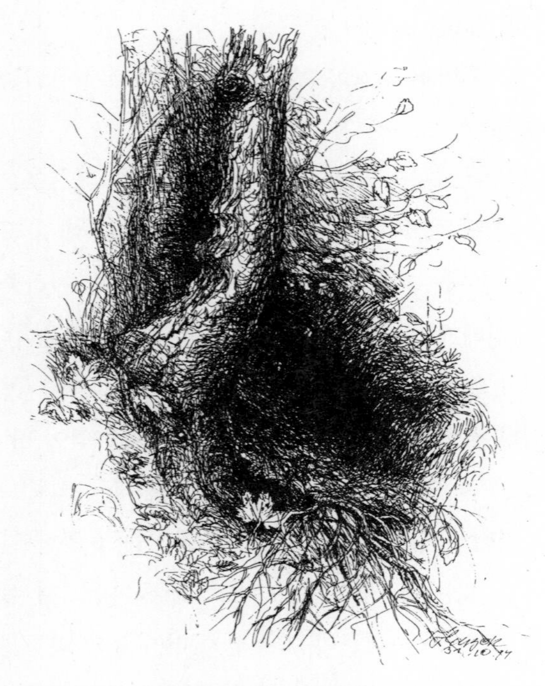

이 단풍나무는 절벽 끝에서 자라느라 고생한 탓에 줄기가 휘었다.

첫 번째 그림에 묘사된 단풍나무는 이 일을 해냈다. 당면한 과제를 해결했고, 땅을 굳게 다져 산사태를 예방했다. 그리고 굳건히 자리를 지키고 있다. 그러나 불안한 절벽에서 힘들게 애쓴 흔적은 줄기와 목질부에 고스란히 새겨졌다. 비록 단풍나무가 자라기에 좋은 환경에서 자연이 허락한 다른 종류의 나무들과 어울려 자랐을지언정, 나는 결코 이 나무줄기로는 까다로운 작업을 감행

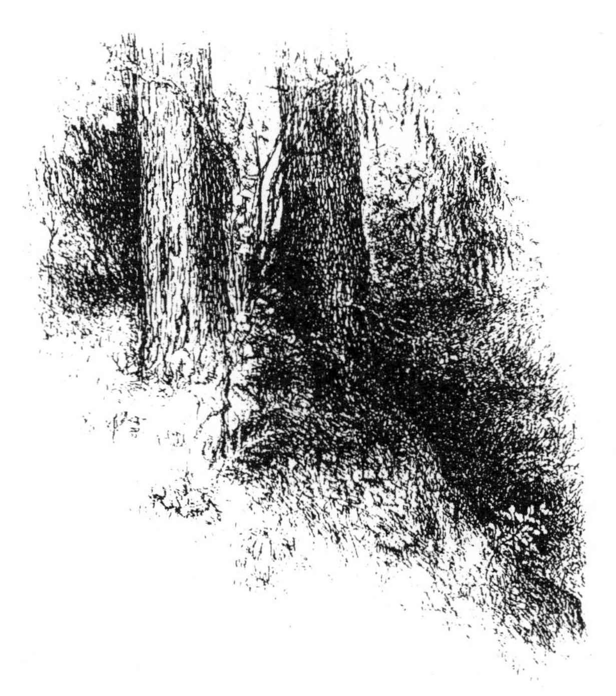

이 단풍나무는 오른쪽의 가문비나무 덕분에 곧게 자라는 행운을 누렸다.

하지 않을 것이다. 적기에 베어 제대로 건조했더라도 마찬가지다(제4장 「목재가 품고 있는 수분」 참조). 이런 나무로는 길이가 매우 길고 폭이 넓은 바닥재는 만들기 어렵다.

두 번째 그림에 나타난 단풍나무는 터 잡기에서 첫 번째 나무보다 운이 좋았다. 이 나무보다 조금 밑에서 자란 가문비나무가 절벽 끝 모서리에 가해지는 모든 하중을 받아들였기 때문이다. 가문비나무 뒤에 선 단풍나무는 덕분에 쉽고 편하면서도 고르게 땅과 결합할 수 있었다. 이에 걸맞게 줄기를 지나 우듬지에 이르기까지 평화롭고 조화로운 모습을 유지하고 있다.

이와 같이 곱게 자란 나무를 제재하면 최대 폭 30센티미터, 길이는 무려 5미터에 이르는 원목 바닥재도 생산할 수 있다. 오로지 한 줄기의 통나무만으로!

4

목재가 품고 있는 수분

"좋은 목재를 얻고 싶으면
우듬지가 산 아래쪽을 향하도록 베어 넘겨야 해.
그리고 가지를 치지 않은 채 몇 주 동안 그곳에 내버려둬."
나이 많은 목수들은 이렇게 말하곤 한다.
왜 그래야 할까?

울림이 없는 오보에

지금부터 소개할 이야기는 어느 오보에 연주자에게서 들은 이야기다.

이 연주자는 클라우디오 아바도(Claudio Abbado, 1933~2014). 청소년오케스트라 출신으로, 유럽의 여러 콘서트홀과 오페라하우스에서 유명 지휘자로 활동했다. 그의 이야기를 통해 목재의 올바른 야적과 건조 및 적절한 습도가 얼마나 중요한지 알 수 있다.

오보에는 클라리넷과 마찬가지로 흑단목黑檀木으로 만든다. 과거의 악기 장인들은 정말로 좋은 악기를 만들기 위해 흑단목을 20년 또는 30년 동안 야적한 후에야 비로소 가공하기 시작했다.

그러나 지난 몇 년 사이에 유럽에서 오보에 수요가 급격히 증가함에 따라 요즘에는 30년이나 야적한 나무로 만든 오보에는 구경조차 하기 어렵다.

예술가 입장에서 볼 때 이러한 현상은 비극이었다. 설익은 목재로 만든 탓에, 잘 만든 악기인데도 표면이 갈라지거나 터지는 현상이 점점 더 빈번하게 나타났기 때문이다.

몇 시간이 걸리는 콘서트를 하는 동안 악기 속으로 얼마나 많은 침과 축축한 숨이 들어갈지 생각해보라. 콘서트가 끝난 뒤 악기는 흔히 대단히 건조한 실내에서 난방열에 의해 빠르게 건조된다. 악기를 만드는 재목은 매우 민감하므로 이 과정에서 목재에 일어나는 긴장 현상은 예정된 일이다. 이와 같은 건조과정에서 생긴 균열로 값비싼 목관 악기가 못쓰게 되는 일이 드물지 않게 일어난다.

이러한 사태를 방지하기 위해 야적 기간을 다시 늘리는 대신 흑단목을 고온의 기름과 압력으로 처리하는 기술이 도입되었다. 이와 같은 과정을 거쳐 제작된 악기에 대해 앞에서 소개한 오보에 연주자는 이렇게 말했다.

"겉보기에는 참 좋아 보입니다. 균열도 일어나지 않고. 그런데 울림이 없네요. 깔끔하게 만들기는 했지만 기껏해야 초보자나 학생들이나 쓸까, 오케스트라에서 연주할 만한 물건은 아니에요. 나무가 울리지 않잖아요!"

안타깝게도 나는 오보에를 연주할 줄 모른다. 그래서 이 음악가가 한 말을 직접 확인해볼 수는 없었다. 하지만 곰곰이 생각해보니 그 음악가의 말이 맞았다.

그 순간 경영 전문가들이 우리 제재소에서 목재를 몇 년에 걸쳐 야적하는 모습을 보고 했던 말이 떠올랐다. 그들은 내게 계산까지 해보이며, 자본을 허비하는 일이라고 말했었다. 그러나 최첨단 건조실을 이용하는 이 시대에도 몇 년에 걸쳐 천천히 진행되는 자연건조를 대체할 만한 방법은 어디에도 없다.

습도는 어느 정도가 알맞은가

숲에서 자라는 나무의 성장은 벌채하는 순간 끝난다. 벌채 후에는 목재에 남아 있는 수분을 제거해야 한다.

수분은 나무의 성장에만 중요한 요소가 아니다. 목조 건축물이나 공예품도 함유수분의 영향을 받는데, 목재의 습도(함수율)에 따라 담자균이나 해충으로 인한 피해를 입을 수 있다. 목재의 함수율이 특정 값에 이르면 곰팡이나 해충의 습격을 예방할 수 있다. 함수율이 20퍼센트 미만이면 담자균이 번식하지 않고, 8~12퍼센트 미만이면 벌레가 꼬이지 않는다. 이와 같은 천연의 저항력은 합성화학물의 사용 없이 목재를 보호하는 데 필요한 기본 요소다.

우리네 옛날 집들이 균류나 해충으로 인한 손상 없이 몇백 년을 버틸 수 있었던 근본 원인도 여기에 있다. 따라서 자연적인 목재 보호는 나무를 적기에 벌채하는 일뿐만 아니라, 가공 과정에서도 건조 상태를 유지하여 균류나 해충으로 인한 피해를 예방하는 일을 의미한다.

살아 있는 나무에는 매우 많은 수분이 저장되어 있다. 생나무의 함수율은 약 100퍼센트에 이른다. 가공된 목재의 경우 함수율은 약 6~20퍼센트로 확연히 줄어든다. 가구든 건축자재든, 장난감이든 지붕의 뼈대든 다 마찬가지다.

완전히 건조된 목재는 부피가 처음에 비해 조금 작아진다. 목재가 수축하기 때문이다. 여기까지는 학교에서 배우는 내용이다.

지금부터 위에 언급한 내용 외에, 차분하고 오래가는 목재를 구할 때 도움이 되는 몇 가지 구체적인 사항을 소개하고자 한다.

종족 보존의 본능

"좋은 목재를 얻고 싶으면 우듬지가 산 아래쪽을 향하도록 베어 넘겨야 해. 그리고 가지를 치지 않은 채 몇 주 동안 그곳에 내버려 둬." 나이 많은 목수들은 이렇게 말하곤 한다.

왜 그래야 할까?

나무를 베면, 그 순간 나무는 종족을 보존하려는 본능을 발산한다. 마지막으로 한 번 더 꽃을 피우고 열매를 맺어 번식을 하기 위해 안간힘을 쓴다. 그러기 위해서는 물이 필요하다. 나무는 새 잎을 내고 씨를 맺기 위해 가지에 다시 한 번 충분히 물을 올린다. 물은 줄기 속에 있는 물관을 통해 우듬지를 향해 흐른다. 이렇게 물이 오르면 목질부가 더 평온해지고, 목섬유도 손상을 입지 않는다. 벤 나무를 우듬지가 아래쪽을 향하도록 비탈에 놓으면, 줄기

통나무를 야적할 때 오른쪽 나무줄기처럼
우듬지가 산 아래를 향하도록 놓아두면 나무가 더 빨리 마른다.

의 수액은 중력의 도움을 받아 더욱 힘차게 우듬지를 향한다.

우리는 선배 목수들의 말이 맞는지 확인하기 위해 어느 해 봄에 실험을 해보았다. 봄은 나무에 새잎이 돋는 계절이다. 다시 말해 한참 물이 오를 때다. 나는 참나무 한 그루를 베어 그 줄기에서 두 토막을 베어낸 후, 하나는 우듬지가 아래를 향하도록, 다른 하나는 뿌리 쪽이 아래를 향하도록 산비탈에 나란히 놓았다.

결과는 우리가 예측한 대로였다. 잠시 후 두 나무토막에서 수액이 똑똑 듣기 시작했다. 그런데 수액이 흘러나오는 속도는 우듬지가 산 아래를 향하고 있는 토막이 반대 방향으로 놓인 토막보다 약 세 배는 더 빨랐다.

사실 놀라운 일도 아니다. 원래 나무줄기 속의 물은 뿌리에서 우듬지를 향해 흐르지 않는가.

습도에 민감한 '스펀지 목木'

생물체인 나무가 함유하고 있는 물은 비우고 또 채울 수 있는 물탱크 안의 물과는 다르다.

기술을 이용하면, 빠르게 건조한 오보에 나무의 함수량도 30년 동안 야적한 목재와 똑같이 만들 수 있다. 그럼에도 '설익은' 목재로 만든 오보에는 갈라지는 반면, 오래 야적한 목재는 변형이 일어나지 않는다.

목재가 작은 구멍을 통해 물을 흡수하고 배출하는 성질은 스펀지의 흡수성과 유사하다. 여기서 특기할 사항은 오래 야적한 목재가 빨리 건조한 목재보다 습도의 변화에 덜 민감하다는 점이다. 설익어서 민감하게 반응하는 목재를 우리는 '스펀지 목木'이라 부른다.

이와 같은 원리는 모든 목재에 적용된다. 다만 건축자재나 가구용 또는 연장용 목재는 야적 기간이 악기용 목재보다 짧을 뿐이다. 이 경우 재종과 용도에 따라 1년 또는 3년에 걸친 자연건조로 충분하다. 적절한 자연건조 기간은 이 책 211~254쪽「목재 다루는 데 유익한 정보」에서 확인할 수 있다.

목재는 빨리 건조될수록 가공된 상태에서 더 민감한 반응을 보이고, 목재의 '스펀지 효과'도 더 커진다. 이는 주먹구구로도 알 수 있는 원리다. 여름철 고온다습한 공기에 노출되었을 때, 기술에 의해 인공 건조된 목재는 몇 년에 걸쳐 야적되고 천천히 건조된 목재보다 훨씬 더 변형된다.

목재를 야적하는 목적은 수분 제거만이 아니다. 널빤지 낟가리를 비에 젖지 않도록 조치하여 몇 년 동안 야적하면, 이 낟가리는 무더운 여름날도 맞이하고, 천지가 꽁꽁 어는 겨울밤도 보내게 된다. 이 널빤지들은 뜨거운 햇볕, 서리와 눈, 폭우 말고도 많은 기상 현상을 경험하면서 날씨 변화에 적응한다. 오랜 적응은 곧 긴장 완화를 의미한다. 따라서 몇 년에 걸친 야적으로 매우 차분한 널빤지를 얻을 수 있다.

야적 기간에는 건조 외에도 매우 중요한 일이 일어난다. 산화 외에도 다른 여러 가지 작용을 통해 목재의 성분이 분해되고 변화되므로, 해충과 담자균의 먹이가 제거된다. 건조실에서 며칠 또는 몇 주 만에 끝나는 인공건조는 이와 같은 자연적인 목재 보호 작용을 포기하는 것과 같다.

언젠가 우리 제재소를 방문한 경영학자들은 도무지 이해할 수 없다는 표정을 지었다. 이들은 참나무 널빤지 앞에 서 있었는데, 원목 바닥재로 가공하기 위해 4년 동안 야적한 참나무로 만든 널빤지였다. '현대'의 제재소에서는 건조실을 이용해 며칠 또는 몇 주 만에 건조를 끝낸다. 이 사실을 모르는 사람이 없건만, 4년 동안이나 자본을 묶어놓다니! 어떻게 목재와 자본을 그토록 오래 묵혀둘 수 있단 말인가?

타산적으로 생각하면 맞는 말이다. 그러나 자연적인 목재 가공은 경제적 타산과는 아무런 상관이 없다.

자연의 차분한 건조 방식을 대체하는 인공건조는 안정성이 결여된 목재를 생산한다. 안정적이지 않은 목재는 종종 유해한 접착제에 의해 '제어'된다. 여기서 시작되는 일방통행로의 끝에는 특수 폐기물로 전락한 목재만이 있을 뿐이다.

그래도 건조실이 유용한 경우

중부유럽의 기후에서 몇 년에 걸친 야적으로 건조된 목재의 함수율은 15~20퍼센트 사이이다. 100년을 야적하더라도 목재는 그 이상 마르지 않는다. 난방된 실내의 목재는 건조한 공기로 인해 함수율이 6~10퍼센트 정도가 된다. 자연건조된 목재로 이를테면 난방을 하는 실내의 바닥에 깔면, 더운 공기로 인해 목재가 추가로 건조된다. 이 과정에서 목재는 수축을 하므로 바닥재 사이에 틈이 생긴다.

그러므로 난방을 하는 실내에 시공할 목재는 일단 건조실에서 마지막 한 방울의 물기마저 제거하는 편이 좋다. 물론 건조실에 들어갈 목재는 그전에 자연건조를 거쳐야 할 것이다.

자연건조 방식으로 일하는 수공 장인과 업체 목록은 내 홈페이지 www.thoma.at에 나와 있다.

5
땔나무 벌채에서 야적까지

가만히 피어난 작은 불꽃은 짙은 주황색으로 빛나며 뜨겁게 부풀고, 점점 더 밝게, 점점 더 격렬하게 타오르며, 커다란 장작에 가볍게 옮겨 붙어 장작껍질을 뒤덮고, 장작을 쩍 가르며 속으로 파고든다. 이 황홀한 불의 향연은 곧 우리의 온몸을 따듯하고 편안하게 감싸주고, 우리의 마음을 빛과 환희로 가득 채운다. 1년 중 가장 어두운 시기에도 불 앞에서는 우리의 마음이 밝아진다.

나무에 저장된 태양 에너지

가을이 깊어 그림자가 점점 길어지고, 하루하루 해가 조금씩 짧아지면, 머지않아 축축한 안개가 밀려오고, 동쪽과 북쪽에서 칼바람이 불어 눈보라가 몰아치는 계절이 다가온다.

이때 방을 데울 준비를 미처 끝내지 못한 사람은 아니, 옛말 그대로 표현해서, 마른 장작을 충분히 쌓아놓지 않은 사람은 가련하기 그지없다. 그렇다. 긴 겨울을 앞두고 충분한 장작을 마련해두었을 때 느끼는 기쁨, 그 안도감이 주는 행복은 아마도 인류의 역사만큼이나 오래되었을 것이다.

탁탁 소리를 내는 모닥불, 동굴 안에서 바작바작 타는 불, 뜨겁

햇볕 드는 창 아래에 쌓아놓은 장작더미.

게 달군 벽돌과 벽난로 안에서 작렬하는 불…… 세상의 모든 불은 인류의 영혼 깊은 곳에서 활활 타올랐다. 아무리 현대적으로 꾸민 집에 살더라도, 유리문을 닫은 벽난로 안에서 또는 열린 화덕에서 가느다란 심지에 작은 불꽃이 피어오르는 순간, 그 모습을 넋 놓고 바라보지 않는 사람은 거의 없을 것이다.

가만히 피어난 작은 불꽃은 짙은 주황색으로 빛나며 뜨겁게 부풀고, 점점 더 밝게, 점점 더 격렬하게 타오르며, 커다란 장작에 가볍게 옮겨 붙어 장작껍질을 뒤덮고, 장작을 쩍 가르며 속으로 파고든다. 이 황홀한 불의 향연은 곧 우리의 온몸을 따듯하고 편안하게 감싸주고, 우리의 마음을 빛과 환희로 가득 채운다. 1년 중 가장 어두운 시기에도 불 앞에서는 우리의 마음이 밝아진다. 우리는 이 사실을 인류의 조상으로부터 물려받은 기억으로 매우 잘 알고 있다.

나무가 불에 탈 때는 처음에 그다지 뜨겁지 않은 짙붉은 불꽃으로 시작하지만, 순식간에 연소 온도가 오르고 빛은 점점 더 밝아진다. 이 모습은 이른 아침 해 뜰 녘의 노을을 닮았다. 부드러운 첫 햇살은 주황색 또는 진홍색을 띠지만, 어느새 하얗게 반짝이며 세상을 덥힌다. 마른 장작 한 아름으로 떠오르는 해를 집안에 들여놓을 수 있으니, 이 얼마나 좋은가!

장작불과 햇빛이 비슷한 현상은 우연이 아니다. 장작불이 내뿜는 온기는 다름 아닌, 나무가 자라면서 몸속에 저장한 순수 태양에너지다. 장작에 불을 붙이는 일은 나무가 재와 흙으로 돌아가는 자연의 과정을 난로 안으로 옮겨놓는 일이다. 장작불의 온기는 나무가 품고 있다 내뿜는 태양열이다.

땔나무 벌채

땔나무를 장만하는 일은 나무를 태우는 일과는 또 다른, 우리의 삶과 매우 밀접하게 연관되어 있는 일이다.

아버지는 매우 일찍, 너무 일찍 돌아가셨다. 나무로 짠 관이 교회를 떠나 공동묘지로 향할 때, 당시 학교에 다니던 우리 네 형제와 어머니도 그 뒤를 따랐다. 우리는 아버지를 묘지에 묻었다.

그 후 몇 날 며칠을 눈물로 밤을 지새우는 가운데서도 집요하게 떠오르는 물음이 있었다. 그 물음은 우리의 슬픔 따위는 안중에도 없는 듯, 악착같이 답을 요구했다. 그 물음은 우리의 삶을 뚫고 들어와, 그곳에 눌러 앉았다. 이제 학비는 누가 대나? 기숙학교, 대학교, 그리고 막내의 초등학교 학비를 이제 누가 마련하나? 겨울이 오면 땔감은 누가 마련하나? 남아 있는 장작으로 한 해 겨울은 날 수 있을 터였다. 하지만 장작을 말라야 한다. 지금 당장 내년 그리고 내후년에 대비하지 않으면 우리는 오들오들 떨며 겨울을 보내야만 한다.

아버지가 돌아가시고 몇 주가 지났을 때, 어머니는 생활비를 탈탈 털어 내게 주셨다. 나는 그 돈을 가지고 마을의 대장간 '그루버슈아슈'를 찾아갔다. 대장장이는 얼마 전에 이미 시대의 변화에 따라 농기계 판매를 시작했다. 나는 그루버슈아슈에서 내 생애 첫 전기톱을 샀다. 스웨덴의 욘세레드 제품이었다.

나는 욘세레드 전기톱과 도끼와 쐐기를 들고 틈만 나면 숲으로 갔다. 정확히 말하자면 훈츠바흐그라벤 숲이었다. 그리고 숲에서 겨우내 필요한 온기를 내 마음대로 가져갈 수 있다는 사실을 깨달았다. 어떤 번거로운 절차도 밟을 필요가 없었다. 물론 시간이 필요했다.

처음에는 서툴다보니 땀을 비 오듯 흘려야 했다. 팔은 온통 긁히고, 손에는 물집이 잡혔다. 그러나 저녁이면 기대하지도 않았던 보상을 받았다. 그날 하루 해낸 일의 결과물을 보며 나는 금전적인 보상과는 비교할 수 없는 값진 보람을 느꼈다.

어떤 날은 자작나무나 오리나무를 베었고, 또 어떤 날은 가문비나무나 낙엽송의 가지를 쳤다. 가지를 치면, 잘린 단면에서 수지樹脂가 흘러나왔다. 수지는 상처 입은 나무를 치유하는 성분이다. 어느 날 산꼭대기에서 나무줄기를 베어 넘기면, 다음 날은 하루 종일 그 나무줄기들을 산비탈로 끌고 와 돌려놓았다.

이제 이 나무를 산 아래로 옮겨야 한다. 마침내 나무줄기들이 산비탈을 타고 덜커덩 미끄러지기 시작한다. 잠시 후 나무줄기는 슬로프 위로 휙 날아가 쿵 소리를 내며 땅에 이마를 박는다. 됐어! 내일은 너희들을 1미터 길이로 잘라주지! 체인톱으로 금세 끝낼 수 있어. 그러고 나면 가장 힘든 일이 기다리고 있다. 통나무에 쐐기를 박아 쪼개는 일이다. 그전에 체인톱을 가능한 한 예리하게 갈아놓아야 한다. 무딘 톱은 모터의 힘만 낭비할 뿐이다.

1미터 길이로 자른 통나무를 산길 가에 옮겨 놓는 순간 가장 힘든 일이 시작된다. 통나무의 껍질은 목질부의 수분 유출을 완벽하게 차단한다. 장작은 마른 나무라야 한다. 가능하면 빨리 말라야 한다. 습기 찬 목재에는 버섯이 피고, 그러면 목재의 구조가 파괴

되고 부피도 줄어든다. 이는 곧 화력 손실을 의미한다. 따라서 통나무는 쪼개놓아야 한다. 벌목용 도끼와 쐐기를 이용해 쪼개는데, 도끼의 무게가 만만치 않다.

통나무를 팰 때 제일 먼저 해야 할 일은 나무의 발육 상태를 확인하는 일이다. 내려친 도끼가 정확히 수심樹心에 꽂히면 그다음부터는 일이 순조롭게 진행된다. 그러나 도끼가 이 목표점을 벗어나면, 이런! 도끼날은 나무에 박히고 만다. 쐐기도 마찬가지다. 이 높은 산에서 내 연장이 나무에 콕 박혀 옴짝달싹하지 않는다. 갑자기 연장이 나무한테 붙잡히다니! 말도 안 돼! 나무는 연장을 돌려줄 마음이 없다. 연장을 대신할 만한 물건도 보이지 않는다. 어떡하지? 여기서 집까지는 걸어서 한 시간 거리다. 나는 여벌로 도끼와 쐐기를 한 개씩 더 갖고 왔어야 했다!

손으로 장작을 패다보면 일을 할 때 신중한 태도가 얼마나 중요한지 금세 배우게 된다. 도끼를 내려치기 전에 통나무 토막의 섬유질과 발육 상태를 꼼꼼히 살펴야만 정확한 공략 지점을 포착할 수 있다. 정확한 지점을 공략하면 나무토막은 도끼질 한 번 만에, 많아야 세 번이면 빠개진다. 차분하게 접근하는 사람이 서둘러 도끼를 내리찍는 사람보다 먼저 일을 끝내고 쉴 수 있다.

장작 패기는 나무의 내부 구조를 파악하기 위한 집중 학습 과정이기도 하다. 모든 장작, 모든 나무토막의 절단면을 수없이 관찰한 사람은 나이테에 나무의 삶이 기록되어 있다는 사실을 알게 된다. 나무는 삶의 기쁨과 역경을 자신의 목질부에 적어놓는다. 근심과 걱정, 가뭄과 곤궁, 번영과 충만, 이 모든 것이 나이테에 고스란히 새겨져 있다.

따라서 나이테를 보면 그 나무가 어떻게 살아왔는지 알 수 있다. 굵은 테는 풍족했던 시절을, 일그러진 테는 바람과 눈에 시달린 세월을, 그리고 가느다란 테는 양분과 빛과 물이 궁핍했던 나날을 이야기한다. 나무가 적어놓은 삶의 이야기는 나무마다 다른, 하나하나가 독특한 이야기다. 쐐기와 도끼를 들고 숲으로 가는 사람은 그전에 나무가 쓴 이야기책을 읽어야 한다. 그래야만 자신의

습기 찬 목재에는 버섯이 핀다. 통나무는 빨리 마르도록 쪼개놓아야 한다.

땅에 떨어진 잔가지만 모아도 훌륭한 땔감이 된다.

연장을 정확한 위치에 내리꽂을 수 있다.

장작 패기를 마치고 저녁이 오면 손에 든 도끼가 천근만근 무겁게 느껴진다. 공격 지점을 빗맞힐 때마다 도끼를 빼내느라 힘을 쓴 탓에 팔도 아프다. 아니, 아니다. 그런 날 저녁이면 몇 미터나 되는 장작더미가 조금 더 높아진 모습만이 눈에 보일 뿐이다. 장작더미 속에서 하얀 자작나무와 적갈색의 낙엽송이 저녁 햇빛에 반짝인다. 오리나무는 켠 직후에는 흰색에 가깝게 밝은 색을 띠지만, 몇 시간 지나지 않아 짙은 주황색으로 변한다. 그토록 짙은 주황색은 달리 찾아보기 쉽지 않을 것이다. 달콤한 자작나무 냄새, 침엽수의 송진 냄새, 흙냄새, 내 땀 냄새와 톱에 칠한 기름 냄새가 기분 좋게 코끝을 간질인다.

낮게 떠 있는 해가 이제 골짜기로 돌아갈 시간이라고 알려준다. 나는 여전히 장작더미가 펼치는 마술쇼를 보면서, 오늘 하루 내가 한 일의 의미를 확인한다. 새로 팬 수많은 장작은 겨울 내내 따듯한 온기를, 이글거리는 태양을 집안에 들여줄 것이다. 다가올 겨울을 대비해 숲에서 온기를 마음껏 집으로 가져갈 수 있으니 어찌 아니 좋을까! 그러려면 먼저 산더미 같은 장작을 큰 썰매에 실어 골짜기로 날라야 한다. 그 시절에는 썰매 외에 달리 방법이 없었다.

겨울이 오고 좁다란 산길에 눈이 쌓이면, 나는 썰매에 달린 가죽 끈을 내 몸에 연결한 채 숲으로 올라가곤 했다. 총 부피가 30세제곱미터나 되는 장작을 썰매에 실어 모두 집으로 나르기까지 몇 걸음을 했던가? 딱딱하고 각진 장작 반 톤 또는 4분의 3톤을 싣고 집으로 돌아오는 길에 가파른 곳을 지날 때면 썰매가 옆으로 쓰러지기도 했다. 그때마다 나는 몇 달 뒤에는 반드시 썰매를 쓰러뜨리는 일 없이 똑바로 끌고 말겠다고 다짐했다. 그토록 무거운 짐을 실은 썰매를 오로지 맨몸으로 끌며 방향을 바꾸거나 멈추기는 사실상 불가능한 일이다.

그래서 썰매의 활주목滑走木 앞부분에 발톱이라 부르는 쇠갈고리를 다는데, 긴 나무 막대를 들어 올리면 발톱이 눈길 또는 빙판길 바닥에 박히면서 썰매가 멈춘다. 양손으로 발톱 조정 막대를 잡고 가죽 끈과 사슬로 썰매와 내 몸을 단단히 연결하면, 눈길에서 속도를 내더라도 썰매가 전복되지 않는다. 썰매는 삐걱삐걱 신음 소리를 내며 달린다. 이때 사람은 썰매 앞부분에 주저앉을 듯 엉덩이만 살짝 걸치고 앉은 자세를 취한다.

이제 겨울나기를 위한 보물이 중력에 의해 산비탈을 미끄러져 골짜기로 옮겨진다. 그럴 때마다 나는 썰매 발톱이 부러지지 않기만을, 썰매가 길을 이탈하지 않기만을 수호천사에게 빌었다.

나는 열여섯 나이에 스스로 숲속 벌목의 세계에 발을 들여놓았다. 덕분에 일찌감치 이 세계의 아름다움을 체험할 수 있었다. 어머니와 동생도 시간이 나면 나를 따라 숲으로 갔다. 그리고 수호천사는 대부분 친절한 이웃의 모습으로 나타났다. 선두에 라크너 로베르트가 있었다. 라크너는 내게 특히 조심해야 할 사항들을 일러주었다. 덕분에 가벼운 찰과상을 제외하고는 어떤 사고도 발생하지 않았다. 사실 장작 썰매를 끌고 골짜기를 내려오는 일은 위

눈 쌓인 겨울철엔 썰매보다 더 좋은 운반수단은 없다.

험천만한 일이었다. 그럼에도 나중에는 소년다운 만용을 부리느라 브레이크도 별로 걸지 않고, 까딱 잘못했다가는 목이 부러질지도 모를 빠른 속도로 내려오기도 했다. 내 동생 리하르트는 썰매를 끌고 올라갈 때 나를 도와준 대가로, 내려올 때는 썰매 뒤에 꼭 붙어 환성을 지르며 그 순간을 즐겼다.

이와 같은 청소년기의 경험을 바탕으로 나는 훗날 잘츠부르크주 퐁가우에서 산림관리사가 되었고, 그 후에는 티롤주 카르벤델 산맥에서 산림감시관으로 일했다. 나는 이와 같은 과정을 거치는 동안 '도사'를 여러 명 알게 되었다. 산골짜기 농민, 벌목꾼, 은퇴 후 숲에서 일하며 새로운 보람을 찾은 사람. 때로는 나처럼 숲에서 땔감을 구하는 열여섯의 소년도 만났다. 도사들은 모두 땔나무와 관련해 놀라우리만치 풍부한 지식과 경험을 보유하고 있었다. 이들이 가르쳐준 지혜를 독자에게도 전하고자 한다.

땔감을 마련하는 일은 태곳적부터 이어온 원초적인 행위다. 그러나 이 행위는 매우 다양한 형태로 실현되고 발전해왔다. 가장 간단한 방법은 땔나무를 채취하는 방법이다. 숲에 가면 언제나, 말라죽은 가지 또는 눈 무게에 눌려 부러진 우듬지 등이 땅에 떨어져 있다. 그리고 큰 나무를 베면 팔뚝 굵기의 파편들이 많이 나온다. 오늘날에도 사용료를 조금만 내면 숲에서 땔나무를 채취를 허용하는 산림 업체나 숲 소유자가 많이 있다.

땔나무를 채취하는 데는 큰 연장도 필요 없다. 나무를 일정한 길이로 자를 손도끼와 잔가지를 쳐낼 작은 도끼만 있으면 된다. 내 어머니는 땔나무 채취를 매우 좋아하셨다. 일흔을 넘긴 나이에 이 일에 재미를 붙이셨는데, 며느리가 살림을 도맡다시피 하면서 어머니는 손수레에 연장을 싣고 숲으로 가시곤 했다. 놀랍게도 어머니는 그 후 몇 년 동안 집안의 땔나무를 모두 혼자 마련하셨다.

"개미들이 양식을 산더미처럼 쌓는 걸 보니 나무하러 갈 때가 되었어!" 어머니는 여든을 훌쩍 넘긴 나이에도 이렇게 말씀하셔서 우리를 놀라게 하셨다.

땅에 떨어진 나무를 주워 모으기만 해도 땔감을 충분히 마련할 수 있다. 채취의 가장 큰 장점은 사고 날 위험이 거의 없다는 점이다. 위험한 전기톱을 두려워할 필요도 없고, 베어 넘어가는 나무에 깔릴 걱정도 할 필요 없다. 채취를 통한 땔감 마련은 결코 시시한 일이 아니다. 그럼 다음 단계로 넘어가, 본격적인 땔나무 벌채에 대해 알아보기로 하자.

벌목으로 땔감을 구할 때에도 비교적 간단한 장비만 있으면 된다. 트레일러 또는 기타 운반차량, 가지치기용 도끼, 손톱이나 활톱 또는 톱니가 성근 가로톱만으로 충분하다. 독자 중에는 손톱으로 될까 미심쩍은 생각이 드는 사람도 있을 것이다. 그러나 손톱은 초보자에게 매우 적합한 톱이다. 전기톱 사용법을 배우기 전에 손톱 다루는 법부터 배우기를 권한다.

이뿐만이 아니다. 하루 종일 회사에서 바쁘게 일한 후, 숲에서 또는 집 마당에서 손톱으로 땔나무를 자르노라면 어느새 긴장이 풀리고 마음이 안정된다.

톱질을 하면서 명상을 할 때와 같은 마음의 안정을 느껴본 사람은 피트니스 클럽을 찾고 싶은 생각이 별로 들지 않는다. 손톱을 이용하면 이토록 값진 안정 효과를 순수한 자연의 형태로 즐길 수 있다. 전기톱의 소음을 참을 필요도 없다. 그러는 가운데 또 한 가지 놀라운 일을 경험하게 된다. 톱질을 할 때는 결과를 생각하지 말고 오로지 톱질에만 몰두해보라. 작업을 끝낸 후 결과물을 보면, 생각보다 많은 나무를 벤 사실을 확인하고는 스스로 놀랄 것이다. 퇴근 후 매일 한 시간만 손으로 땔감을 마련해보라. 주말에는 스스로도 믿기 어려울 만큼 높이 쌓인 장작더미와 마주하게 된다.

물론 뛰어난 작업 실력과 빠른 속도가 요구될 때도 있다. 바로 이 때가 전기톱이 활약할 시간이다. 전문가가 전기톱으로 나무를 베는 솜씨는 아마추어는 상상도 못 할 정도로 빠르고 정확하다. 나무를 벨 때는 먼저 방향베기를 한다. 방향베기란 줄기 밑동에 수구(나무를 넘기려는 방향으로 V자로 파놓는 홈 — 옮긴이)를 따는 작업을 일컫는다. 나무줄기는 수구에 정확히 직각으로 넘어가게 된다. 그다음에 반대쪽에서 따라베기를 한다. 따라베기란 톱을 수구와 평행으로 나무줄기 안쪽으로 깊이, 이른바 돌쩌귀만 남을 때까지 들이미는 작업이다. 돌쩌귀의 너비는 나무줄기의 굵기에 따라 달라지며, 2센티미터부터 5~6센티미터에 이른다. 그다음에 수구 반대쪽에서 쐐기를 박으면 우람한 나무줄기가 정확히 돌쩌귀 너머로 쓰러진다.

노련한 벌목꾼은 이런 식으로 나무를 정확히 원하는 방향으로 베어 넘긴다.

이 설명은 단지 참고용일 뿐이다. 전기톱의 안전한 사용법은 반드시 숙달된 전문가나 선생님의 지도하에 배워야 한다. 훌륭한 산림학 교육기관과 전기톱 사용면허를 취득할 수 있는 강좌 등은 오스트리아 전역에 걸쳐 찾아볼 수 있다. 이와 같은 교육 과정을 거치지 않은 채 전기톱을 사용한다면, 안전사고의 위험이 있으니 절대 해서는 안 된다. 전기톱을 사용할 때는 적합한 안전장비를 갖추어야 한다. 벌목용 장화와 바지, 장갑 그리고 안면 보호대와 귀마개가 달린 헬멧이면 충분하다.

이제 작업 능률을 올리려면 안전 장비와 교육에 투자해야 한다는 사실을 알았다. 안전한 벌목에 필요한 지식은 위에서 언급한 교육 기관에서 충분히 습득할 수 있다.

이왕 숲길에 들어섰으니, 이제 땔나무 벌채에 관한 이야기를 본격적으로 해보자. 땅에 떨어진 마른 가지를 줍는 어머니부터 직업적인 장작 생산자에 이르기까지, 지구상에서 땔나무를 구하는 모든 사람이 해결해야 하는 공통의 문제가 있다.

버섯이 피기 전에 말려야

땔나무는 말라야 한다. 바짝 마를수록 더 좋다. 너무 축축한 장작은 있어도 너무 마른 장작은 없다.

나무가 타기 시작하면 내부의 수분이 증발하는데, 이때 에너지가 소모된다. 젖은 나무일수록 수분 증발에 더 많은 에너지를 소모하므로 발열량이 적어질 수밖에 없다.

젖은 나무를 태우면 마른 나무를 태울 때보다 연기가 훨씬 더 자욱하게 난다. 난로, 벽난로, 기타 난방기기 내부가 그을음으로 덮이면 난방 효율이 떨어질 뿐만 아니라, 난로가 더 빨리 녹스는 원인이 되기도 한다. 젖은 나무는 환경보호에도 나쁜 영향을 미친다. 발열량이 낮기 때문에 더 많은 나무를 태워 없애야 한다는 단순한 계산으로 하는 말이 아니다.

이보다 더 심각한 문제는 불완전 연소로 인해 더 많은 검댕과 잔유물이 배출 가스에 섞여 나온다는 사실이다. 장작을 이용한 난방은 원래 나무에 저장된 태양 에너지를 사용하는 지극히 친환경적인 방법이다. 하지만 덜 마른 장작으로 불을 지피는 일은 오히려 환경을 오염하는 결과를 낳는다.

너무 축축한 나무는 탈 때 '치직' 소리가 난다. 이 순간 난로의 문을 열고 안을 들여다보면 장작 표면에서 물이 나오는 현상을 볼 수 있다. 이 물은 방울을 맺지 않고 바로 증발한다. 이 현상은 젖은 장작의 모든 단점을 드러내는 명백한 증거다.

목재의 습도는 측정이 가능하다. 목수들은 누구나 목재 함수율 측정기를 갖고 있다. 좋은 장작은 함수율이 20퍼센트 미만이라야 한다. 이 값이 중요한 이유는 또 있다. 함수율이 20퍼센트 미만인 목재에는 버섯이 피지 않는다. 담자균擔子菌이 생존하려면 이보다 더 많은 수분이 필요하다.

그러므로 장작은 함수율이 20퍼센트 미만일 때 저장해야 한다. 이 점은 저장 기간이 길수록 특히 주의해야 할 사항이다.

전문가가 아닌 사람은 수분 측정기도 없는데 어떻게 장작의 함수율을 20퍼센트로 끌어내릴 수 있을까? 입목立木의 변재邊材는 그 함수율이 80~100퍼센트에 달하고, 심재心材 부분도 30~50퍼센트에 이른다. 갓 벤 나무줄기의 내부에는 이토록 많은 물이 들어 있다.

문제는 이 물을 어떻게 하면 빨리 목재 밖으로 내보내느냐다. 어떤 경우든 버섯이 목재를 망가뜨리기 전에 수분을 빼내야 한다.

민간에서 흔히 나무벌레라고 부르는 해충의 습격은 그다지 심각한 문제가 아니다. 나무좀벌레나 권연벌레와 같이 목재에 서식하는 유럽 곤충은 2, 3년 또는 4년까지도 목재를 훼손하지 않는다. 그러나 이 기간이 지난 뒤에는 언제든지 장작에 해충으로 인한 손상이 발생할 수 있다.

그럼 다시 목재의 수분을 밖으로 빼내는 기술 이야기를 계속해 보자.

나무의 구조는 가뭄에 가급적이면 물을 오래 저장할 수 있도록 되어 있다. 물이 마르지 않도록 보호하는 기능이 대단히 뛰어나다. 여기서 가장 큰 일을 하는 부분은 수피다. 수피를 벗긴 나무는 약 네 배는 더 빨리 마른다. 가장 빨리 마르는 부분은 앞쪽 절단면이다. 이 부분은 수피가 벗겨졌을 뿐만 아니라 물관도 끊겼기

햇볕에 얼굴을 내민 장작들⋯⋯ 잘 마를수록 제 열량을 낸다.

때문이다. 나무를 자르고 켜는 목적은 단지 장작을 난로의 입구에 맞추기 위한 일만은 아니다. 가늘게 켜고 짧게 자를수록 장작은 빨리 마른다.

장작을 얼른 패는 일만큼이나 중요한 일은 바람이 통하고 햇볕이 드는 곳에 야적하는 일이다. 바람이 많이 불고 해가 많이 비칠수록 장작 낟가리의 수분도 빠르게 이상적인 수준에 도달한다.

길이를 자르고, 쪼개고, 바람 통하는 곳에 쌓아두고, 최소한 건조의 마지막 단계에서는 비에 젖지 않도록 덮는 일. 이것이 바로 난로 속에서 탈 장작의 열량을 최대로 끌어올리는 비법이다.

이 규칙을 지키는 사람은 장작을 얼마나 오래 야적해야 하는지만 알면 된다. 그러면 수분 측정기도 필요 없고, 복잡한 실험도 할 필요 없다. 완벽주의자라면 가까운 목재소에 달려가 수분 측정기를 빌리면 된다.

목재 야적의 비법을 알아보기 전에 장작 패기에 대해 몇 줄 더 적고자 한다.

장작 쌓기 '할아버지의 예술'

다량의 목재를 쪼갤 때는 기계를 이용한다. 요즘 일반적으로 사용하는 유압식 분할기는 전문 판매소 또는 건축자재 시장에서 쉽게 구할 수 있다. 그렇다고 해서 전통적인 벌목용 도끼가 퇴물이 되었다는 말은 아니다.

외진 산골짝 오두막에서는 겨우내 많은 장작이 필요하므로 당연히 도끼질을 잘할 필요가 있다. 그러나 2~3세제곱미터의 장작만 있으면 겨울을 날 수 있는 원목 가옥에서도 도끼를 잘 다루는 능력은 큰 장점으로 작용한다. 물론 장작이 난로에 비해 너무 클 때에도 도끼를 다룰 줄 알면 대단히 편리하다. 이런 경우에는 오히려 분할기가 무용지물이다.

아무튼 도끼를 이용한 작업은 태곳적부터 내려오는 행위이며,

많은 사람이 앞으로도 계속하고자 하는 일이다. 일정한 리듬으로 나무를 쪼갤 수 있을 만큼 도끼질이 익숙해지면, 앞에서 톱질과 관련해 이미 말했듯이, 노동을 통한 명상을 체험할 수 있다. 나는 나무일을 내 아내의 할아버지인 고틀리프 브루거에게서 배웠다. 할아버지는 평생을 목수로 일하시며 손도끼를 비롯한 온갖 도끼를 다루셨는데, 아흔이 넘은 나이에도 장작을 팰 정도로 정정하셨다. 연로하셨던 만큼 손을 조금 떠셨고, 젊은 날과는 달리 힘도 많이 빠졌지만, 할아버지의 도끼질은 백발백중이었다. 살짝 떨리는 손으로 들어 올린 도끼는 언제나 나무에 정확히 내리꽂혔고, 단 한 번 내려친 도끼에 장작은 반으로 쪼개져 좌우로 튕겨나갔다.

할아버지는 한번도 서두르는 적이 없었다. 그분의 작업은 차분했고, 시계처럼 일정했다. 이와 같은 작업방식이 놀라운 이유는 믿기 어려울 정도의 정확성 때문만이 아니다. 할아버지가 자신의 페이스를 유지하면서 쪼갠 나무의 양이 같은 시간에 젊은 사람이 쪼갠 것보다 훨씬 더 많았기 때문이다.

나아가 할아버지의 작업방식은 안전한 작업방식의 표본이기도 했다. 일상에서도 부담 없이 편안한 마음으로 즐겁게 일하는 사람은 위험한 사고를 당할 가능성이 매우 적다. 우리 시대에 전 세계에 만연한 '빨리빨리' 풍조는 직업 세계마저 장악했고, 따라서 안전사고의 발생 가능성도 그만큼 높아졌다.

내가 할아버지의 작업방식을 통해 배운 소중한 가르침은 내 삶의 철학이 되었다. 할아버지는 평생을 목수로 일하시면서 작업 중 사고를 단 한 번밖에 겪지 않았다. 동료가 떨어뜨린 도끼에 어깨를 다쳤는데, 할아버지는 상처를 꿰맨 후 잠시 일을 쉬었다.

그때를 빼고는 할아버지는 긴 평생을 통해 단 하루도 아픈 적이 없었다. 감기나 배탈은 물론, 우리 모두 때때로 앓고 가끔은 입원까지 하게 만드는 흔한 질병조차 할아버지를 건드리지는 못했다.

우리가 이러한 기적을 이야기하면 할아버지는 언제나 겸손하게 말했다.

"나는 내가 무척이나 좋아하는 일을 할 수 있었단다. 게다가 우리 때는 독촉을 하는 법이 없었지. 하루에 열 시간을 일하든 열두 시간을 일하든 아무 상관없었어!"

일을 통해 얻는 가슴 뻐근한 행복은 육체와 정신에 탁월한 면역 시스템을 선사한다. 오늘 하루 일할 수 있었다는 사실을 고맙게 여기는 마음, 내 건강을, 내 삶을 고맙게 여기는 마음은 곧 행복감으로 이어진다. 이 행복은 돈으로 살 수 없다.

할아버지는 돈을 많이 벌지는 않았지만, 그의 수입은 가족을 먹여 살리는 데 충분했다. 할아버지에게 돈은 결코 어떤 행위를 가늠하는 잣대가 될 수 없었다. 돈은 살아가는 데 필요한 것일 뿐, 그 이상도 이하도 아니었다.

깔끔한 수작업, 잘 관리된 연장, 목재를 다루는 최고의 솜씨, 좋아하는 음악, 이 모든 것이 할아버지께는 급여 명세서상의 숫자보다 훨씬 더 중요했다. 할아버지가 양지바른 담벼락 앞에 쌓아올린 장작 낟가리는 단순히 나무에 저장된 태양열을 쌓아놓은 것이 아니었다. 그것은 그 일에 대한 애정과 그 일에서 느끼는 기쁨이 한데 어우러져 탄생시킨 예술 작품이었다.

필요한 것을 기꺼이, 즐거운 마음으로 구하는 사람은 영원히 마르지 않는 샘에서 물을 긷는 사람이다. 할아버지는 집 앞에 차곡차곡 장작을 쌓아 올리면서, 나무에 저장된 태양열뿐만 아니라 온 가족이 따듯하게 겨울을 나도록 보살피는 훈훈한 마음도 함께 쌓으셨다.

장작 쌓는 일은 말처럼 단순하지 않다. 장작더미는 우리가 흔히 생각하는 것처럼 가만히 있지 않는다. 갓 팬 장작의 앞쪽 단면은 건조 과정에서 지름의 약 10퍼센트가 줄어든다. 그러므로 장작을 쌓아 올릴 때에는 장작 하나하나가 현저히 쪼그라든다는 사실을 잊지 말아야 한다. 장작끼리 서로 꼭 맞게 붙여놓았다 하더라도 그 상태가 그대로 유지되지는 않는다. 갓 쌓아올린 장작더미를 1년 동안 저속 촬영한 뒤 돌려본다면, 장작 사이에서 일어나는 변화에 놀라지 않을 수 없을 것이다. 장작은 몸을 뒤채고, 자리를 옮기고, 다른 장작에 들러붙는다. 약 2미터 높이의 장작더미가 건조 과정을 거치는 동안 20센티미터는 줄어드는데, 그사이 각각의 장작은 모습을 바꾸고, 여러 차례 자리를 옮긴다.

각각의 나무토막이 움직이는 모습을 보면 마치 살아 있는 생명

장작은 마르면서 움직인다. 그 모습은 살아 있는 생명체와도 같다.

체를 보는 듯하다. 마치 나무손에 붙은 비늘이라도 되는 양, 모든 나무토막의 앞쪽 절단면은 다 같이 움직인다. 이리하여 장작 낟가리가 마르는 과정에서 나무토막들은 조금 오그라든다.

장작더미에서 비교적 큰 토막의 앞면에 건조에 따른 균열이 나타나면 비로소 장작더미 내부도 어느 정도 잠잠해진다. 균열이 생겼다는 말은 나무토막 전체에 들어 있던 수분이 대부분 증발했다는 뜻이므로, 건조에 의해 나무토막의 부피가 줄어드는 현상도 완료된 상태다.

이와 같은 장작더미의 일생을 고려한다면, 장작을 쌓을 때 낟가리를 너비에 비해 너무 높게 쌓으면 안 되는 이유를 이해할 수 있을 것이다. 너무 높게 쌓아올리면 무너질 위험이 있기 때문이다. 장작더미가 무너지면 일이 많아질 뿐만 아니라, 주위 사람의 웃음거리가 되고 만다.

몇 미터 길이의 나무토막 또는 둥근 원목을 야적할 때 2~3미터 이상 높게 쌓지 않는 이유도 이와 같다. 길이가 25~30센티미터에 이르는 난방용 장작의 경우 담벼락에 단정하게 쌓아올리면 1미터 높이까지는 안전하다. 그보다 더 높게 쌓을 경우에는 장작이 움직이지 않도록 고정해야 한다.

이를테면 철사 줄이나 단단한 끈을 이용하는 방법이 있다. 끈을 벽에 고정한 후 낟가리에 두르면 되는데, 둘러친 끈의 높이보다 낟가리가 더 높은 경우에는 작은 널빤지 등을 낟가리 앞면에 세워 장작들을 벽에 바짝 붙인다. 짧은 장작도 여러 군데를 고정하면 2미터 높이까지는 무너질 염려 없이 쌓을 수 있다.

장작 낟가리가 무너지지 않도록 보호하는 또 한 가지 방법은 낟가리 속에 1~2미터 간격으로 널빤지나 둥근 막대를 끼워 넣는 방법이다. 이때 이 널빤지나 막대의 위아래를 저장 공간의 추녀 등에 고정해야 한다.

이와 같이 낟가리를 세로로 갈라놓으면 장작더미가 앞으로 불룩하게 튀어나오는 일을 방지할 수 있다. 이렇게 하면 너비가 몇 미터나 되는 낟가리라 하더라도 건조되면서 부피가 줄어드는 과정을 관리할 수 있다.

가장 실용적인 방법은 지지대를 낟가리 속에 비스듬히 꽂아두는 방법이다. 이 방법은 보기에 썩 좋지 않고 자리도 많이 차지하지만, 많은 경우 사용할 수 있는 가장 간단하고 빠른 방법이다.

할아버지에게 헛간에 쌓아놓은 장작더미는 당신의 명함과도 같은 것이었다. 그래서 할아버지는 낟가리가 멋있어 보이도록 많은 정성을 기울였다. 할아버지는 간단한 기술을 이용해, 쌓아놓은 장작의 앞쪽 표면이 다리미로 다린 듯 매끈하고 깔끔하게 보이도록 만들었다. 장작은 결코 똑같은 길이로 절단되지 않는다. 따라서 나처럼 감각과 눈대중만으로 장작을 쌓으면, 나중에는 언제나

한쪽 벽면을 가득 채운 장작더미, 장작쌓기에는 고도의 기술이 요구된다.

앞쪽 표면이 울퉁불퉁해지고 만다. 반면 할아버지는 언제나 널찍한 널판을 낟가리 앞면에 걸어놓았는데, 낟가리의 키가 자라면 이 널판도 위로 끌어올릴 수 있도록 설치했다. 그러니까 낟가리 위에 추가로 얹히는 장작도 널판에 눌려 벽 쪽으로 밀렸다. 널판을 끌어올리는 기술은 매우 간단하지만, 할아버지의 장작 낟가리에서는 훌륭한 목수의 장인 정신이 느껴졌다. 겨울에 난로에 불을 지피기 위해 이 낟가리에서 장작을 빼낼 때마다 나는 예술 작품을 망가뜨린다는 생각에 마음이 아프기까지 했다. 그럴 때면 할아버지는 웃으며 이렇게 말씀하셨다.

"내년에도 멋진 작품을 만들게 될 거다!"

끝으로 땔나무를 사용하는 모든 사람에게 도움이 되는 내용을 열 가지로 요약해 정리한다.

- 가장 힘든 일은 언제나 숲에서 땔나무를 해오는 일이다. 따라서 땔감 마련을 위한 벌목은 계획을 잘 세워야 한다. 경우에 따라 트랙터나 케이블윈치(밧줄로 묶은 통나무 등을 끌어당기는 기계—옮긴이)를 갖고 있는 농민에게 도움을 청할 필요도 있다.
- 벌목과 톱질에 손톱을 쓰면 알려진 것보다 훨씬 더 큰 효과를 볼 수 있다. 단, 날이 선 좋은 손톱을 사용해야 한다. 초보자는 전기톱 강습을 받기 전에 손톱 사용법을 익히는 편

이 좋다.

- 나무는 벌채 후 곧바로 패도록 한다. 겨울에는 아직 언 상태에서 패는 편이 좋다. 도끼로 장작을 패고자 할 때에는 통나무의 표면이 마를 때까지 미루면 안 된다. 마른 나무를 패는 것이 훨씬 더 힘들기 때문이다.
- 장작을 도끼로 안전하게 패려면 우선 넓고 튼튼한 받침대를 마련해야 한다. 두 손으로 도끼를 잡고 팔을 뻗어 목표점에 도끼를 댄 후 거리를 확인한다.
- 도끼날을 원하는 목표점에 대고 상상으로 눈앞에 명중하는 장면을 그린다.
- 짧은 나무토막은 절단면을 찍어 빠개는 편이 가장 좋다. 항상 도끼날이 나이테와 직각을 이루도록 내려친다. 이렇게 해야 나무토막에 도끼날이 물리는 일이 발생하지 않는다.
- 온대 지역의 목조 가옥이라면 장작을 건물 벽 앞에 쌓아서는 안 된다. 습기 찬 장작에 있던 집하늘소가 건물 벽으로 옮겨갈 수 있기 때문이다. 흰개미 서식지에서라면 더욱더 주의해야 한다. 고원 오두막 등 산속에 지은 집이라면 곤충의 습격을 받을 위험이 더 크다.
- 장작이 마르기 위해서는 쪼갠 나무토막 사이에 바람이 충분히 통해야 하고, 장작 난가리 위아래로도 통풍이 잘 되어야 한다.

- 건조 기간은 위치에 따라 다르다. 장작을 바람이 잘 통하는 남향의 처마 밑에 쌓아놓을 경우 여름 한철이면 충분히 마른다. 절반쯤 응달이 지는 곳이라면 2년은 잡아야 한다. 몇몇 재종은 건조에 상당히 오랜 시간이 필요하다. 참나무나 서양물푸레나무 장작은 바람이 잘 통하는 곳에서 3년간 말린 후에 사용하는 편이 제일 좋다. 낙엽송도 특별한 경우에 해당한다. 낙엽송 목재는 아무것도 덮지 않은 채 2년 동안 숲에 야적한 후, 난로에 적합한 길이로 잘라 1년에서 3년 더 야적하여 건조한다. 이렇게 비바람에 노출되더라도 낙엽송 목재는 아무런 손상을 입지 않는다. 낙엽송은 원래 불이 잘 붙지 않는 나무지만, 오랜 야적을 거친 후에는 좀 더 잘 탄다.
- 장작 저장소는 최소한 3면이 바람에 완전히 노출된 곳이어야 한다. 장작을 보관하기에 가장 좋은 장소는 사이사이 큼직한 틈을 두고 긴 각목을 세워 만든 벽 앞이다. 바람이 통하지 않는 창고에 보관할 경우에는 장작이 완전히 마른 후에 들여놓아야 한다.

화력—목재 부피와 단위

"단단한 너도밤나무 장작이 무른 가문비나무 장작보다 두 배는 더 뜨겁게 탄다." 이렇게 주장하는 사람이 많지만, 사실은 맞지 않는 이야기다. 나무의 발열량은 주로 건조된 나무의 무게에 따라 정해진다. 건조된 나무 1킬로그램이 타면서 방출하는 에너지의 양은 재종과 관계없이 다 같다. 참나무든 오리나무든, 전나무든 자작나무든 다 마찬가지다.

함수율 20퍼센트 미만의 정상적으로 건조된 나무는 1킬로그램당 4.2킬로와트시kwh의 연소 에너지를 방출한다.

따라서 재종에 따른 발열량의 차이는 재종의 중량에 따른 차이일 뿐이다. 포플러나 회색오리나무 1킬로그램을 모으려면 참나무나 너도밤나무 1킬로그램을 모을 때보다 훨씬 더 많은 양이 필요하다. 그러므로 재종에 따른 화력을 계산할 때 가장 중요한 지수는 잘 마른 나무 1세제곱미터의 중량이다.

각 재종의 1세제곱미터 평균 중량에 따른 화력의 순위를 살펴보자. 평균값을 볼 때는 나무가 자라는 기후와 토양이 매우 다양하다는 점을 감안해야 한다. 웃자란 나무인지 천천히 자란 나무인지에 따라, 가지가 나오는 부분이나 압축이상재(壓縮異狀材: 침엽수의 기울어진 줄기나 가지 아래쪽에 나이테 폭이 넓게 형성된 부분—옮긴이)와 같이 무거운 부분인지 아닌지에 따라, 그 밖에 수많은 자연현상에 따라, 실제 목재의 중량은 평균값과 현저히 다르게 나타난다.

목재별 1SCM(=1 m^3)의 평균 중량(kg)

- 서양소사나무: 680
- 유럽너도밤나무: 650
- 참나무: 630
- 서양물푸레나무: 650
- 낙엽송: 540
- 단풍나무: 570
- 자작나무/개암나무: 510
- 소나무/검은오리나무: 510
- 전나무/가문비나무/포플러: 430
- 회색오리나무: 400

목재의 단위에서 특이한 점은 이른바 SCM(솔리드 큐빅 미터; Solid Cubic Meter)이다. 1SCM은 순수 목재 1세제곱미터를 나타낸다. 둥근 통나무의 부피를 나타낼 때는 SCM을 단위로 사용한다. 산림관리사나 벌목꾼들에게 1세제곱미터는 1SCM을 의미한다. 목재소에서 통나무를 가공해 만든 원주목, 널판, 각목 등 제재목의 부피도 SCM으로 나타낸다. 따라서 두 경우 모두 1SCM은 순수한 목재 1세제곱미터를 의미한다.

쌓아놓은 목재에 대해서는 스테르Stere를 단위로 사용한다. 1스테르에 포함된 순수 목재의 양은 1SCM보다 적다. 낟가리에는 목재 사이에 공간이 포함되어 있기 때문이다. 따라서 1스테르의 장작은 목재와 공간을 합한 부피가 1세제곱미터라는 말이다.

제재목과 낟가리의 크기에 따라 SCM으로 나타낸 목재의 양을 스테르로 환산하는 데 필요한 계수가 정해진다.

잘게 쪼갠 목재를 느슨하게 쏟아놓은 경우에는 이른바 LCM(루스 큐빅 미터; Loose Cubic Meter)을 쓴다. 장작 낟가리의 단위인 스테르와 마찬가지로 LCM도 작은 나무토막과 그 사이에 포함된 공간을 합한 부피를 나타낸다.

둥근 통나무 1SCM은 다음 각 항과 일치한다.

- 1미터 길이로 팬 장작 낟가리: 1.4스테르
- 난로에 넣기 적당한 크기의 장작 낟가리: 1.2스테르
- 철제 바구니, 트레일러, 헛간 등에 쏟아놓은 나무토막: 2.0스테르
- 빽빽하게 쏟아놓은 나무토막: 2.5LCM
- 성글게 쏟아놓은 나무토막: 3.0LCM

반대로 스테르나 LCM을 SCM으로 환산할 때 필요한 계수는

다음과 같다.

- 1미터 길이로 팬 장작 난가리:　　　　　　　　0.7
- 난로에 넣기 적당한 크기의 장작 난가리:　0.85
- 쏟아놓은 나무토막:　　　　　　　　　　　　0.50
- 빽빽하게 쏟아놓은 나무토막:　　　　　　　0.40
- 성글게 쏟아놓은 나무토막:　　　　　　　　0.33

목재의 화력을 난방용 기름과 비교한 수치는 매우 일목요연하게 나타난다.

1,000리터의 난방용 기름은 다음 각 항에 해당하는 화력을 낸다.

- 활엽수(경목):　　　　　　　　　　5~6스테르
- 침엽수(연목):　　　　　　　　　　7~8스테르
- 우드펠릿(톱밥을 압축한 알갱이):　2,100킬로그램
- 잘게 썬 나무토막:　　　　　　　　10~15LCM

통나무의 목재의 양을 계산할 때에는 다음 공식을 이용한다.

(d는 목재의 지름)

$$M = \frac{d \times d}{4} \times \pi \times \text{길이}$$

통나무 체적표

나무의 고체 성분을 나타낸 표(나무줄기의 순수 목재 성분, 단위는 SCM)

	길이(m)							
지름(cm)	1.00	2.00	2.50	3.00	3.50	4.00	4.50	5.00
6	0.003	0.01	0.01	0.01	0.01	0.01	0.01	0.01
7	0.004	0.01	0.01	0.01	0.01	0.01	0.01	0.01
8	0.001	0.01	0.01	0.02	0.02	0.02	0.02	0.03
9	0.006	0.01	0.02	0.02	0.02	0.03	0.03	0.03
10	0.008	0.02	0.02	0.02	0.03	0.03	0.04	0.04
11	0.010	0.02	0.02	0.03	0.03	0.04	0.04	0.05
12	0.011	0.02	0.03	0.03	0.04	0.05	0.05	0.06
13	0.013	0.03	0.03	0.04	0.05	0.05	0.06	0.07
14	0.015	0.03	0.04	0.05	0.05	0.06	0.07	0.08
15	0.018	0.04	0.04	0.05	0.06	0.07	0.08	0.09
16	0.020	0.04	0.05	0.06	0.07	0.08	0.09	0.10
17	0.023	0.05	0.06	0.07	0.08	0.09	0.10	0.11
18	0.025	0.05	0.06	0.08	0.09	0.10	0.11	0.13
19	0.028	0.06	0.07	0.09	0.1	0.11	0.13	0.14
20	0.031	0.06	0.08	0.09	0.11	0.13	0.14	0.16
21	0.035	0.07	0.09	0.10	0.12	0.14	0.16	0.17
22	0.038	0.08	0.10	0.11	0.13	0.15	0.17	0.19
23	0.042	0.08	0.10	0.12	0.15	0.17	0.19	0.21
24	0.045	0.09	0.11	0.14	0.16	0.18	0.20	0.23
25	0.049	0.10	0.12	0.15	0.17	0.20	0.22	0.25
26	0.053	0.11	0.13	0.16	0.19	0.21	0.24	0.27

27	0.057	0.11	0.14	0.17	0.20	0.23	0.26+	0.29
28	0.062	0.12	0.15	0.18	0.22	0.25	0.28	0.31
29	0.066	0.13	0.17	0.20	0.23	0.26	0.30	0.33
30	0.071	0.14	0.18	0.21	0.25	0.28	0.32	0.35
31	0.075	0.15	0.19	0.23	0.26	0.30	0.34	0.38
32	0.080	0.16	0.20	0.24	0.28	0.32	0.36	0.40
33	0.086	0.17	0.21	0.26	0.30	0.34	0.39	0.43
34	0.091	0.18	0.23	0.27	0.32	0.36	0.41	0.45
35	0.096	0.19	0.24	0.29	0.34	0.38	0.43	0.48
36	0.102	0.20	0.25	0.31	0.36	0.41	0.46	0.51
37	0.108	0.22	0.27	0.32	0.38	0.43	0.48	0.54
38	0.113	0.23	0.28	0.34	0.40	0.45	0.51	0.57
39	0.119	0.24	0.30	0.36	0.42	0.48	0.54	0.60
40	0.126	0.25	0.31	0.38	0.44	0.50	0.57	0.63
41	0.132	0.26	0.33	0.40	0.46	0.53	0.59	0.66
42	0.139	0.28	0.35	0.42	0.48	0.55	0.62	0.69
43	0.145	0.29	0.36	0.44	0.51	0.58	0.65	0.73
44	0.152	0.30	0.38	0.46	0.53	0.61	0.68	0.76
45	0.159	0.32	0.40	0.48	0.56	0.64	0.72	0.80
46	0.166	0.33	0.42	0.50	0.58	0.66	0.75	0.83
47	0.173	0.35	0.43	0.52	0.61	0.69	0.78	0.87
48	0.181	0.36	0.4	0.54	0.63	0.72	0.81	0.90
49	0.189	0.38	0.47	0.57	0.66	0.75	0.85	0.04
50	0.196	0.39	0.49	0.59	0.69	0.79	0.88	0.98

예를 들어 길이 5미터, 지름 35센티미터의 통나무에 포함된 순수 목재의 양은 0.48SCM이다.

$$\frac{0.35 \times 0.35}{4} \times 3.1416 \times 5 = 0.48\text{SCM}$$

계산하기 싫어하는 사람들을 위해 이른바 통나무 체적표가 나와 있다. 통나무의 길이와 중간 지점의 지름을 알면 표에서 SCM으로 나타낸 목재량을 쉽게 찾을 수 있다.

이 표를 이용하면 누구나 자신의 집에 쌓아놓은 장작의 가치를 알 수 있다. 장작을 구입할 때에도 이 표를 참고하면 유익하다. 목재를 사는 일은 말馬을 사는 일과도 같다. 말에 대해 잘 아는 사람이 좋은 말을 고른다.

이제 계산이나 표 이야기는 그만 하고, '장작 도사'들이 말하는 몇 가지 비결을 소개하며 마무리하고자 한다.

화력은 주로 장작의 무게에 따라 달라지지만, 재종에 따른 연소 때의 차이점은 매우 중요한 사항이다.

낙엽송·소나무·가문비나무 등 수지樹脂가 많은 침엽수는 타면서 바작바작 소리를 내며 불꽃을 퍼뜨린다. 그 모습을 보노라면 기분이 매우 좋아지지만, 이들 재종은 개방형 벽난로에 넣고 때기에 적합하지 않다. 벽난로에는 자작나무나 오리나무 또는 기타 활엽수를 사용하는 편이 낫다.

145쪽 통나무 체적표에서 우리는 너도밤나무의 화력이 가문비나무보다 두 배가 아니라 단지 50퍼센트 더 높다는 사실을 확인할 수 있다.

잘 마른 너도밤나무를 줄곧 땔 수 있다면야 실내에 온기가 사라지지 않으니 좋은 일이다. 그러나 너도밤나무가 없다면 가문비나무로 대체하더라도 나름대로 장점이 있다.

가문비나무는 불이 붙자마자 금세 뜨거운 열기를 방출한다. 나는 산림관리사로 일할 때, 겨울에 눈 쌓인 숲을 관리하다 오두막에 들어서면 우선 불부터 피워야 했다. 이때 집어 드는 장작은 언제나 가문비나무였다. 가문비나무가 불을 붙이기 쉽다는 이유도 있었지만, 그 때문만은 아니었다. 가문비나무는 연소 때 처음 방출하는 열을 가장 빨리 퍼뜨리는 재종이다. 그러므로 오두막을 덥히는 데는 가문비나무보다 더 좋은 재종이 없었다. 저녁이 오면 벽난로 안에서 활활 타던 불길이 사그라지기 시작한다. 잠자리에 들기 전에 큼직한 너도밤나무 장작을 추가하면 온기가 아침까지 유지되므로, 냉골이 된 오두막에서 눈을 뜨는 일은 없었다.

숲에서 불을 피울 때 가장 딱한 사람은 어떤 이유에서든 세심하게 말린 장작 없이 불을 피우려는 사람이다. 생나무는 탈 때 연기가 심하게 난다. 나는 이런 생나무로 눈 쌓인 숲에서 따듯하게 불 피우는 법을 내 벌목꾼에게서 배웠다.

우리는 나무에 관한 노인의 지혜를 보존해 다음 세대에 물려줘야 할 것이다. 사냥꾼 프리츠 뢰플러는 자신이 쌓은 멋진 장작 낟가리가 비에 젖지 않도록 나무껍질로 덮었다. 이는 지금으로부터 몇백 년 전부터 전해 내려오는 방식이다.

생나무의 여러 부분 가운데 가장 잘 타는 부분은 자작나무 껍질이다. 자작나무 껍질은 눈 쌓인 겨울 숲에서도 아주 잘 탄다.

자작나무 껍질에 불을 붙인 후 그 곁에 가늘게 쪼갠 가문비나무 토막들을 놓아두면, 약한 불기운에 가문비 토막들이 불붙이기 좋을 만큼 마른다. 이때 주의할 점이 있다. 가문비나무의 가장자리 부분, 이른바 백변재白邊材는 어지간히도 불이 붙지 않는다. 심재가 훨씬 더 잘 마르므로 이 부분을 써야 한다. 나무를 태울 때는 심재(통나무의 가운데 부분)와 변재(테두리 부분)를 구분하는 일이 대단히 중요하다. 덜 마른 변재는 심재가 활활 타오른 후에 불길 가장자리에 추가한다.

자작나무를 구할 수 없을 때에는 다른 섶나무를 이용해도 나쁘지 않다. 물론 겨울에 이런 식으로 숲에서 불을 피우는 방법이 최상의 난방은 아니다. 그러나 추운 겨울에 하루 종일 숲에서 일하는 사람은 그곳에서 여름날의 태양열을 쬘 수만 있어도 행복하다.

6

건강을 위한 건축과 주거의 출발점

"아이들이 합성물질 때문에 아프다면 그것이 들어간 물건을 없애야지!"

원인을 제거하는 일. 그것은 최상의 해결책이었다. 숲속 관사에 살 때는 아이들이 건강하기만 했다. 거기서는 합성 접착제나 목재에 사용된 화학물질과 접촉할 일이 없었기 때문이다. 봄이 가고 여름이 시작되자 아내는 세 아이를 데리고 산속의 작고 소박한 오두막으로 거처를 옮겼다.

욕실 벚나무 바닥재를 바라보는 세 얼굴

겨울철에 난방으로 공기가 건조해진데다 난로에서 먼지까지 뿜어 나오는 실내에 있으면 목이 칼칼해지는 경험은 누구나 한 번쯤 해보았을 것이다. 마찬가지로 욕실의 거울에 김이 자욱하게 서려 자신의 모습을 비춰볼 수 없었던 경험도 누구나 있을 것이다.

이 두 경우 모두 쾌적한 상황은 아니다. 공기 중에 습도가 너무 낮거나 너무 높으면 우리는 불쾌감을 느낀다. 따듯한 욕실에서도, 추운 겨울철 안개 속에도 김이 서리면 숨을 쉬기 불편하다. 마찬가지로 먼지와 지나치게 건조한 공기도 우리의 호흡을 방해한다.

집에 쾌적한 생활환경을 조성하려면 습도를 조절해주는 건축 자재를 써야 한다는 생각은 누구나 쉽게 할 수 있다. 너무 건조하거나, 반대로 꿉꿉할 때에도 목재는 공기의 습도를 최적의 상태로 조절한다.

숨을 쉬는 목재는 넓은 표면, 수많은 구멍, 모세관 및 마이크로 관管으로 주변 공기의 습도 변화에 반응한다. 갑자기 습도가 높아지면 목재가 습기를 빨아들이기 시작하므로 공기가 건조해지고, 다시 건조해지면 목재는 저장하고 있던 수분을 내뿜어 주변 공기의 습도를 조절한다.

그러므로 집 안의 목재는 가장 이상적인 습도 조절 장치이다. 집 안에 목재가 많을수록 효과도 더 크게 나타난다. 이 장章 끝부분에 나와 있는 실험을 한번 해보기 바란다. 욕실은 습도의 변화가 너무 심해서 원목으로 시공하기에는 잘못될 위험이 너무 크다고 생각하는가? 그렇다면 이 실험을 통해 안심할 수 있을 것이다.

일반적으로 욕실은 실내 공간 가운데 기온과 습도의 변화가 가장 심한 곳이다. 우리 업체에서도 원목 바닥재를 처음 생산하고 몇 년 동안은 욕실 공사를 맡지 않았다. 바닥재 사이에 큰 틈이 생기거나 바닥이 심하게 움직일까봐 두려웠다. 그러나 수많은 욕실 공사를 경험한 지금은 적기에 벤 원목이 욕실 바닥재로도 가장 적합하다고 자신 있게 말할 수 있다.

이 사실을 깨닫는 데 결정적인 사건이 있었다. 어느 날 친구가 우리 업체에 '고객'을 위한 벚나무 바닥재를 주문했다. 그 친구는 소목장小木匠이었는데, 어떤 공간에 쓸 바닥재인지는 말하지 않았다. 우리는 소목장이 원하는 대로 벚나무를 가공했고, 소목장은 나중에 바닥 공사가 매우 잘 되었다고 전화로 알려주었다. 집주인이 만족했느냐는 내 물음에 소목장은 이렇게 대답했다.

"그렇다고 말할 수 있지!"

몇 달 뒤 그 친구가 나를 집으로 초대했다. 친구가 욕실을 보여주었을 때 나는 깜짝 놀라고 말았다. 욕실에 우리 제재소에서 만든 벚나무 바닥재가 깔려 있지 않은가! 소목장은 그때까지도 '고객'이 바로 자신이었다는 사실을 밝히지 않았다. 바닥은 예쁘고 깔끔하게 시공되어 있었다. 바닥재 사이에 틈이라고는 보이지 않았다. 벚나무 바닥재는 납품한 날과 똑같은 모습을 유지하고 있었다. 소목장은 싱긋이 웃으며, 바닥재를 어디에 쓸지 말하지 않은 이유를 설명했다. 내가 무엇을 걱정하는지 알기 때문이라는 말이었다. 벚나무 바닥재를 욕실에 깐 사실을 내가 알았다면, 그날 이후 몇 날 밤을 잠 못 이루었을 테니까! 적기에 벤 나무로 만든 바닥재는 욕실에 깔아도 아무 문제없다는 사실을 이 친구는 진즉에 알고 있었다.

그날 욕실에 선 세 사람은 서로 다른 얼굴을 하고 있었다. 자랑스럽게 벚나무 바닥을 바라보며 좋아하는 소목장 부인의 얼굴, 나를 깜짝 놀라게 만들고는 즐거움을 감추지 못하는 소목장의 얼굴, 거기에 놀라 어안이 벙벙한 내 얼굴까지, 이렇게 세 얼굴이 서로를 바라보았다. 내가 그토록 놀라지 않았다면 소목장도 그렇게까지 즐거워하지는 않았을 것이다.

그날 이후 우리 목재소에서 만든 원목 바닥재가 수많은 욕실의 바닥을 덮었다.

실내에 숨 쉬는 목재가 많으면 많을수록 공기의 습도도 쾌적하게 조절된다. 이를테면 실내 습도가 35~65퍼센트로 증가할 때, 그곳에 놓아둔 가문비나무 판자는 열두 시간에 걸쳐 1제곱미터당 약 20그램의 수분을 흡수한다. 반대로 실내 공기가 갑자기 건조해지면 목재는 서서히 수분을 방출한다.

직접 한번 확인해보기 바란다. 천장, 벽 또는 바닥을 목재로 시공한 욕실에서는 샤워를 한 뒤에도 거울에 김이 서리지 않는다.

이때 한 가지 주의할 사항이 있다. 접착제로 붙인 합판 또는 표면에 바니시를 칠하거나 코팅을 한 목재는 습도 조절 기능을 전혀 발휘하지 못하거나 기능이 떨어진다. 목재의 습도 조절 기능을 제대로 이용하려면 접착제를 사용하지 않은 원목을 써야 하고, 표면 처리로 목재의 호흡을 방해하는 일도 없어야 한다.

먼지를 끌어당기는 '자석 계단'

물체의 표면을 문지르면 정전기가 발생한다. 이때 물체 표면의 전하電荷는 표면의 전도율이 낮을수록 크다. 합성섬유 스웨터를 벗을 때는 종종 찌직 하는 소리가 나지만, 천연 섬유인 양모나 마麻에서는 그런 현상이 거의 일어나지 않는다. 합성섬유로 짠 카펫은 그 위를 걷기만 해도 정전기가 발생한다.

문 손잡이를 잡을 때 흔히 느끼는 찌릿하는 충격은 정전기가 방전될 때 일어나는 현상이다. 중앙난방으로 더워진 실내에서는 공기가 부도체의 표면을 스치고 지나가기만 해도 정전기가 발생한다. 합성수지로 만든 물체는 대부분이 부도체다.

건축생물학자들은 주거 공간의 표면에는 가급적이면 정전기를 띠지 않는 건축자재를 사용하라고 권유한다. 사람의 신체 주위에는 자연적으로 전기장이 형성되는데, 이곳을 흐르는 전기가 먼지, 오염 물질, 박테리아 등을 피부에 들러붙지 않도록 밀쳐낸다.

그러나 인체의 전기장을 흐르는 전기는 매우 미약하므로, 강력한 정전기장이 형성되는 공간에서는 자연적인 보호기능이 제대로 발휘되지 않는다. 그 결과 예민한 사람들은 알레르기, 점막 염증, 감기, 두통 등 이른바 새집 증후군으로 불편을 겪게 된다.

이 밖에도 전기를 띤 표면은 먼지가 많이 들러붙고 더러워지기 쉽다. 특히 텔레비전이나 오디오 시스템 등의 표면에 먼지가 많이 들러붙는 현상을 본 적이 있을 것이다. 이는 이들 물체의 표면에 있는 전기가 공기 중에 떠다니는 미세한 오염 물질들을 끌어당기기 때문이다.

해결 방법은 간단하다. 집 내부의 표면을 천연의 자재로 처리하면 된다. 결론은 목재인데, 가공하지 않은 원목을 쓰거나, 밀랍 또는 천연 수지로 만든 기름 등 천연물질만으로 처리한 목재를 써야 한다.

나무 바닥, 나무 벽, 나무 천장은 집 안의 자연적인 전자기장에 부정적인 영향을 미치지 않는다. 우리가 고원 오두막에 가면 집에 있을 때보다 쾌적하게 느끼는 이유도 여기에 있다. 집 안의 벽과 천장 등에는 래커 칠이 되어 있는 반면, 고원 오두막은 가공하지 않은 원목으로 지었기 때문이다.

이와 관련해 짤막한 일화 하나를 소개한다.

몇 년 전 우리 이웃에 젊은 부부가 집을 지었다. 이들 부부는 그 집에 살면서 예기치 않게 표면 처리에 따른 목재의 성질을 알게 되었다. 건축주는 1층 현관 앞 홀과 2층 계단 앞 홀에 서양물푸레나무 바닥재를 깔았다. 교육 받은 목수였던 건축주는 서양물푸레나무 바닥에 천연수지와 밀랍을 도포했다. 반면 1층과 2층을 연결하는 계단은 다른 목수가 시공했는데, 이 목수는 천연수지를 사용해 본 적이 없었다. 그는 늘 그래왔듯이 수성 래커로 계단을 칠했다.

"끔찍해요!" 2년 후 그 집 안주인은 이렇게 하소연했다.

"계단이 집 안의 먼지란 먼지는 몽땅 다 끌어당기는 것 같아요. 계단이 꼭 먼지 끌어당기는 자석 같다니까요. 천연수지를 바른 홀 바닥에는 먼지가 쌓인 적이 없어요. 그런데 래커 칠을 한 이 계단은 항상 먼지를 뒤집어쓰고 있어요. 하루에 세 번은 닦아야 한다니까요. 저는 제발 래커를 벗기고 홀 바닥처럼 기름칠을 하라고 만날 남편을 닦달했어요. 마침내 남편한테서 올겨울에 하겠다는 약속을 받아냈지요." 옆에 있던 남편을 향한 아내의 눈길에는 남편이 반드시 약속을 지키도록 만들겠다는 결연한 의지가 담겨 있었다.

무엇이 더 위생적인가

미국에서 다양한 물질을 대상으로 살모넬라균의 생존 조건을 알아보는 연구를 실시했는데, 그 결과는 대단히 뚜렷하게 나타났다. 가공하지 않은 목재의 표면에서는 살모넬라균이 몇 분 만에 모두 죽은 반면, 플라스틱 표면에서는 생존뿐만 아니라 왕성한 번식도 확인되었다.

많은 사람들이 플라스틱으로 된 싱크대 상판이나 도마를 나무 상판이나 나무 도마보다 더 위생적이라고 생각한다. 또 목재에 위생을 목적으로 래커 칠을 하거나 코팅을 하는 사람들도 있는데, 래커 칠을 한 목재는 플라스틱 표면과 다를 바가 없다.

새 시대를 살아가기 위한 할아버지의 지혜

이 책에서 이미 여러 번 언급한 내 아내의 할아버지 고틀리프 브루거(1907~1999)는 내 인생에서 매우 큰 의미를 차지하는 인물이다. 그분이 아니었다면 이 책은 나오지도 않았을 것이다. 할아버지는 오랜 목수 생활을 통해 터득한 지식을 나를 비롯해 원하는 사람 모두에게 전해주셨다. 창업 초기에 갈등에 빠질 때마다 나는 할아버지 덕분에 남들이 가지 않는 길을 가기로 용단을 내릴 수 있었다.

할아버지는 매우 소박하고 겸손한 사람이었다. 제1차 세계대전 후 황폐했던 시절, 양친을 잃은 열한 살 소년 고틀리프 브루거는 오버핀츠가우의 홀러스바흐에 있는 어느 농가에 가서 살게 되었다.

할아버지는 자신을 키워준 농부 가족에게 평생을 고마워했다. 이분들은 어린 고틀리프를 친자식처럼 대해 주었다. 그 시절에는 대단히 드문 일이었다. 이들 덕분에 고아 소년은 자신이 원하던 목수 일을 배울 수 있었다.

할아버지는 제2차 세계대전이 일어나기 얼마 전에 엘리자베트와 결혼하여, 크리믈에 목조 가옥을 짓고 신접살림을 차렸다. 전쟁이 일어나자 젊은 고틀리프는 러시아의 동부전선에 배치되었다. 공병工兵이었던 할아버지는 그곳에서도 교량을 놓는 등 목수 일을 계속했다. 훗날 고틀리프 브루거는 실종자로 처리되었는데, 전쟁이 끝나고도 한참이 지난 어느 날 비쩍 마른 몸에 작은 배낭을 짊어진 모습으로 돌아왔다. 문 앞에 선 남편을 본 아내의 놀라움은 이루 말로 표현할 수 없었다. 아내는 울면서 남편을 끌어안았다. 그 당시 엘리자베트는 그 집에서 방 한 칸만 사용했을 뿐, 나머지는 미군이 차지하고 있었다. 할아버지가 돌아오자 미군은 그 집을 비워주었다.

바로 그다음 날 할아버지는 밖으로 나가, 징집 당시 세심하게 숨겨놓았던 목수 연장을 꺼냈다. 할아버지는 그날부터 여든이 넘을 때까지 목수로 일했다. 할아버지 내외가 결혼 후 60년이 지난 어느 날 할머니가 병석에 눕자, 할아버지는 그제야 일을 내려놓으셨다. 당신의 90세 생일을 눈앞에 둔 때였다. 할아버지는 할머니가 돌아가실 때까지 2년 동안 병구완을 했다. 할아버지는 남달리 건강하고 활발한 분이었지만, 할머니를 보살피는 동안 몸이 많이 쇠약해졌다.

할머니가 돌아가신 후 할아버지는 프란츠 크나프를 다시 한 번

만나고 싶어했다. 프란츠는 할아버지와 평생을 함께 일했던 목공 장인이었다. 나는 한치의 망설임도 없이 크리믈에서 할아버지를 모시고 노이키르헨 암 그로스베네디거로 갔다. 이곳은 내가 처음으로 자그마한 목공소를 차린 곳이기도 하다.

프란츠의 주방에 두 노인이 앉았다. 두 사람의 나이를 합하면 180세가 넘었다. 두 노인은 잠시 살아온 이야기를 나누었다. 곧 프란츠의 딸이 합석했는데, 이분도 일흔이 넘은 나이였다. 프란츠의 따님은 내게 자신이 평생 회계와 임금 결산을 맡아 처리했다고 일러주었다.

"네 할아버지 같은 분은 그전에도 그 후에도 본 적이 없어. 근무 기간을 통틀어 단 이틀밖에는 병가를 내지 않았다니까. 항상 건강하셨어!" 따님이 내게 말했다. 맞는 말이었다. 할아버지의 건강과 일에 대한 열정은 소문나 있었다. 그 마을에는 할아버지에 얽힌 몇 가지 재미난 에피소드가 전해지고 있었다.

어느 추운 겨울날이었는데, 할아버지가 지붕에 올라가 있었다. 당시 이미 여든이 넘은 노인이 추녀 홈통 너머 한 발을 디딘 채, 너무도 의연한 모습으로 지붕에 쌓인 눈을 치우고 있었다. 땅바닥으로 떨어지지나 않을까 두려워하는 기색은 조금도 찾아볼 수 없었다. 평생을 목수로 살아오면서 지붕 위에서 작업할 때도 허다했던 터였다.

그 아래에서는 할아버지의 딸과 사위가 그 모습을 올려다보고 있었다. 훗날의 내 장모님은 연로하신 아버지가 떨어지지나 않을까 불안하기 짝이 없었다. 그때 할머니가 나오셔서, 남편과 마찬가지로 의연한 태도로 딸을 안심시켰다.

"힐다, 거기서 불안하게 쳐다보고 있을 필요 없다. 네 아버지는 이제 눈이 잘 안 보이셔. 더군다나 아래쪽은 전혀 안 보이시니 걱정 마라!"

그사이 할아버지는 조금도 흔들리는 일 없이 하던 일을 다 마치셨다.

물론 할아버지의 일생에도 가슴 아픈 일이 몇 번은 있었다. 1970년대와 1980년대에 당신이 일하던 목공소에도 현대화의 바람이 불어, 합판 등 현대식 재목을 사용하게 되었다. 좋은 원목만을 썼던 할아버지의 기술과 지식은 점점 가치를 잃어갔고, 할아버지는 퇴물 취급을 받았다. 결코 내색은 안 했지만, 그런 일을 겪으면서 마음의 상처를 입지 않을 수는 없었다. 그러나 시대의 흐름은 되돌릴 수 없었다.

그 후 나를 비롯한 할아버지의 손자 세대가 직업 세계에 진출했다. 그리고 어느 날 갑자기 할아버지의 케케묵은 지식이 난감한 상황을 극복하는 해결책이 되었다.

티롤주 카르벤델 산맥에 있던 오래된 관사는 가공하지 않은 가문비 원목으로 지은 집이었다. 우리는 그 관사에서 6년 가까이 지낸 뒤, 세 아이와 함께 다시 잘츠부르크주로 돌아왔다. 우리는 상트 요한에서 지은 지 약 30년 된 집을 구했다. 30년 전이라면 누구도 '건강을 생각하는 건축' 따위에 관심을 기울이지 않던 시절이었다.

완벽해 보였던 우리 가족의 행복은 두 아이가 갑자기 병에 걸리자 한순간에 산산조각이 났다. 매일 저녁 아이들의 방에서는 심한 기침 소리가 들렸다. 아이들은 천식 발작과도 유사한 호흡곤란 증상을 보이기도 했다. 아들의 침대 옆에서 밤을 지새우며 보낸 고통의 시간은 훗날 우리 회사 '토마'가 탄생하는 계기가 되었다.

아들은 기침 발작이 잦아들자 큰 눈으로 나를 바라보며 물었다.

"아빠, 나는 왜 숨을 쉴 수가 없어요?"

맙소사! 내가 뭐라고 대답하겠는가? 나는 아들을 안심시키고 용기와 믿음을 주고자 애썼다. 나는 확신도 없이 이렇게 말했다.

"걱정 마. 숨을 잘 쉬게 될 거야. 아빠가 너와 형제들이 좋은 공기를 마음껏 마실 수 있도록 무슨 일이든 다 할게. 약속하마!" 아들은 그 말을 듣고 내 손을 잡았다.

"고마워요 아빠!" 아들은 이렇게 말하고 잠이 들었다.

나는 주방에 들어서서야 비로소 내가 얼마나 엄청난 약속을 했는지 깨달았다.

"어떻게 하실 거예요?" 아내가 물었다.

"모르겠어요. 우선 애들을 도와야지요. 애들을 도울 수 있으면 나는 약속을 지킨 거예요." 내 대답은 이랬다. 그리고 나는 내 말을 행동에 옮겼다. 이제 와 30년 전을 돌이켜볼 때, 그 당시 일어났던 모든 일에 대해 그저 놀랍고 고마울 따름이다.

처음에는 이 병원 저 병원을 전전했다. 의사는 합성물질에 대한 알레르기 반응이라는 진단을 내렸다. 그리고 코르티손(부신피질 호르몬의 일종) 요법을 제안했지만, 우리는 부작용에 대한 설명을 읽고는 정중히 사양했다. 이제 어쩌나?

구원의 목소리는 할아버지의 입에서 나왔다.

"아이들이 합성물질 때문에 아프다면 그것이 들어간 물건을 없애야지!" 원인을 제거하는 일. 그것은 최상의 해결책이었다. 숲속 관사에 살 때는 아이들이 건강하기만 했다. 거기서는 합성 접착제나 목재에 사용된 화학물질과 접촉할 일이 없었기 때문이다. 봄이 가고 여름이 시작되자 아내는 세 아이를 데리고 산속의 작고 소박한 오두막으로 거처를 옮겼다.

원목만으로 지은 오두막집에서 아이들의 증상은 바로 사라졌다. 그사이 나와 할아버지는 골짜기에 남아, 집에 있던 합판 가구, 접착제를 쓴 바닥재 및 기타 의심스러운 물건을 모두 내다 버렸다. 곧이어 할아버지의 실력이 발휘되는 순간이 왔다.

할아버지와 나는 며칠에 걸쳐 톱질하고 두드리고 대패질을 했다. 통나무 줄기를 톱질해 만든 간단한 판재로 바닥, 침대, 가구가 완성되었다. 나는 기대에 부풀어 아이들이 고원에서 돌아올 날을 손꼽아 기다렸다.

우리는 다시 찾은 행복이 도무지 믿기지 않았다. 할아버지의 처방은 효과 만점이었다. 원목에 둘러싸여 살게 되자 아이들은 건강을 되찾았다. 모든 것이 할아버지 덕분이었다. 이 일을 통해 나와 내 아내는 한 가지 사실을 분명히 깨달았다. 나무와 그 올바른 가공 방식이 우리에게 도움이 되었다면, 이와 같이 건강을 생각한 건축은 다른 사람에게도 분명 유익하리라는 사실이다.

이 일을 겪은 후 나는 직원 둘을 둔 미니 회사를 차렸다. 우리는 영업 계획도 없었고, 법적인 문제에 대해 아무것도 몰랐으며, 오늘날 창업을 하려는 사람들에게 일차적으로 조언하는 그 모든 내용에 대해서도 전혀 아는 바가 없었다.

그렇지만 나는 산림과 목재 판매에 관해 교육을 받은 사람이었고, 그 분야의 경험도 있었다. 무엇보다도 나는 이미 약속을 했다. 게다가 이른바 경영고문으로 나를 도와줄 할아버지가 있었다. 우리는 "모든 시작에는 우리를 보호하고 우리가 살아가도록 도와주는 마법이 들어 있다"는 헤르만 헤세의 신조를 모토로 삼고 사업을 시작했다. 그 시절에 나는 여러 가지 의문과 문제에 대해 할아버지와 몇 시간이고 의논할 수 있었다. 할아버지는 인내심을 발휘하며 자신의 경험을 펼쳐 보였고, 나는 내가 전혀 몰랐던 사실과 방법을 배울 수 있었다.

우리의 첫 번째 기술적 목표는 분명했다. 유해한 접착제나 목재 보호제 또는 래커를 사용하지 않고도 목재가 오래도록 아름다움과 견고성을 유지하도록 가공하는 방법을 찾는 일이었다. 맨 먼저 고향의 숲에서 얻은 나무를 가공해 원목 바닥재를 만들었다. 그 후 생산하는 건축자재의 품목을 늘렸고, 점차 나무와 유리를 이용한 까다로운 공사들도 맡게 되었다. 창업 후 오래지 않아 우리가 지은 첫 목조 가옥이 탄생했다.

할아버지의 조언을 따르는 일은 사실상 도전이었다. 내가 받은 산림학 교육을 통틀어 한번도 들어본 적이 없는 이야기였음에도 할아버지는 오로지 '월목月木벌채'만을 고집했다.

할아버지의 주장이 백 번 옳았다는 사실은 앞서 여러 장에서 이미 밝혔다. 할아버지의 월목에 대한 지식이 몇 년 후 스위스의 명문인 취리히 연방공과대학에서 학술적으로 증명될 줄은 당시에는 꿈에도 상상하지 못했다. 상세한 내용은 2016년 세르부스 출판사에서 발행한 나의 저서 『나무의 기적. 우리의 삶으로 돌아온 나무*Holzwunder. Die Ruckkehr der Baume in unser Leben*』를 참조하기 바란다.

20년 전 이 책 『나무가 자라는 모습을 보았다』가 처음 출판되자 전문가들 사이에서 월목에 대한 뜨거운 논쟁이 일었고, 몇 년이 지나도록 논쟁의 불씨는 꺼지지 않았다. 이와 같은 논쟁은 마침내 취리히 연방공과대학에서 월목에 대해 연구하는 동기가 되었다. 이 책이 목재에 대한 학술적 연구에 기여한 셈이다.

할아버지의 또 다른 조언은 따르기가 더 힘들었다.

"나무는 베자마자 가공해서는 안 돼. 충분한 야적 기간을 반드시 거쳐야 해. 그때 나무는 마르기만 하는 게 아니야. 야적장에서 비로소 나무가 제대로 숙성되는 거야!" 이 또한 시대적인 흐름에 어긋나는 일이었다.

그 당시 목재 산업 분야에서는 마침 건조실이 개발되었다. 건조실은 목재의 세포 결합체에서 단시간에 수분을 빼낼 수 있는 장치였다. 시간은 돈이었다. 오늘 아침까지도 새가 앉아 울던 나무로 내일 또는 며칠 후에 건물을 지을 수 있다면 야적 비용을 획기적으로 절감할 수 있다. 그러나 할아버지에게 이와 같은 방식은 생각만 해도 끔찍한 공포였다.

넉넉한 규모의 목재 야적장을 마련하기 위해서는 제법 큰돈이 필요했다. 나는 자본금을 마련하기 위해 이 은행 저 은행을 다니며 장시간 설명하고 설득해야 했다. 서서히 나도 할아버지의 고집을 배우기 시작했다. 마침내 우리는 야적장 운영에도 성공했고, 더불어 우리의 사업도 번창했다.

어떤 원리들은 할아버지도 전혀 설명하지 못했다. 할아버지는 단지 시범을 보일 뿐이었다. 국제 특허를 취득한 '100% 목조 주택'(토마회사에서 개발한 자연공법에 따른 원목 판재—옮긴이)도 고틀리프 브루거의 시범을 바탕으로 개발된 제품이다. 할아버지는 재목을 결합할 때 유해한 화학물질이나 접착제를 쓰지 않고 전통적인 기술과 장부맞춤(이를테면 판재 두 장을 이을 때, 한 판재의 끝을 가늘고 길게 만든 후 다른 판재에 낸 홈에 끼우는 맞춤법—옮긴이)만으로 이었다.

우리는 할아버지가 돌아가시기 전에 장부맞춤을 이용한 원목 건축물의 전형들을 완성할 수 있었다. 우리는 지난 10년 동안 전 세계 30개국이 넘는 곳에 '고틀리프 브루거의 장부맞춤' 원목으로 1,000채가 넘는 건축물을 지었고, 10층 건물, 도심 주거시설 및 단열재와 난방 장치가 없는 에너지 자급형 주택도 지었다. 우리는 할아버지의 전통적인 수작업 기술을 일관되게 유지하는 동시에, 필요하고 또 유익한 경우에는 최첨단 로봇과 CNC(computer numerical control: 컴퓨터 수치 제어) 기술도 도입했다. 내 사무실에는 큰 파일 두 개가 꽂혀 있다. 우리가 지은 집에서 건강을 되찾은 사람들이 보낸 감사의 편지를 스크랩한 파일이다. 이 모든 일을 할아버지는 이제 다른 세상에서 지켜보고 계신다. 우리는 우리를 지켜보는 할아버지의 혼령을 느낄 수 있다.

목재라는 독특한 재료에 대한 태고의 지식과 우리에게 목재를 선사하는 입목立木에 대한 지식은 오늘날 그 어느 때보다 뜨거운 관심을 받고 있다.

집을 짓는 과정에서뿐만 아니라 완공 후 그 집에서 사는 동안에도 에너지를 절약할 수 있는 공법을 요즘처럼 적극적으로 추구한 적은 없었다. 일회용품에 의존하는 살림살이를 탈피하려는 노력도 그 어느 때보다 커졌다. 오늘날은 우리의 주거 공간에 나무의 생명력과 건강이 그 어느 때보다 더 절실하게 요구된다.

우리 목재소에서 사용하는 기계는 모두 태양광 전기로 작동한다. 로봇도 마찬가지다. 우리는 로봇이 할아버지의 원칙을 그대로 따르도록 설정했다. 할아버지의 지식과 첨단 기술의 결합은 우리의 행동, 우리의 작업, 우리의 경영 방식이 손자 세대에까지 그대로 이어지도록 배려한 조치이다. 우리는 전통이 박물관에서 먼지를 뒤집어쓰고 있기보다는 우리의 가슴속에서 활활 타오르는 열정이 되기를 바란다.

할아버지는 우리가 당신의 지식과 건의를 고맙게 받아들이고, 이에 우리 시대의 기계, 기술과 방법을 결합해, 거기서 인류와 자연에게 유익한 결과가 나오는 모습을 보았다. 이는 할아버지가 돌아가시기 전에 마지막으로 누린 큰 즐거움이었다.

목공 장인은 인류 역사상 어느 시대에도, 어떤 문화권에도 있었다. 아시아의 승려들은 1,600년 전에 오늘날 지구상에 남아 있는 가장 오래된 목조건물을 지었다. 스트라디바리를 비롯한 악기 제작의 거장과 우리 조상이 이룩한 수많은 문화재를 생각해보라. 오늘날에도 우리는 이 모든 목공 장인의 걸작을 즐길 수 있다. 할아버지의 장인 정신이 관심 있는 모든 사람에게 전달되는 데 이 책이 조금이나마 이바지하기를 바라 마지않는다.

자신의 삶에서 겉치레의 성공이나 돈보다 더 소중한 가치를 추구하는 사람이 마지막에는 가장 큰 보상을 받는다.

할아버지가 전쟁과 궁핍을 겪고도 믿기 어려우리만치 건강했던 이유를 할아버지는 언제나 겸손하게 말씀하셨다.

"어릴 때는 우리 밭에서 난 작물로 만든 소박하지만 영양가 높은 음식을 먹었고, 자라서는 평생 내가 진정으로 좋아하는 일을 했으니까!"

할아버지는 자신이 평생 다른 사람을 돕고 돌보며 살았다는 말은 하지 않았다. 그는 다른 사람을 위해 즐거움과 유익함의 씨를 뿌렸고, 건강하고 길고 충만한 일생을 결실로 거두었다.

그것이 가능하다는 사실을 우리 모두가 인지하고, 자연에 대한 지식과 나무와 함께하는 질 좋은 삶에 대한 메시지를 널리 퍼뜨린다면, 이는 미래를 위한 씨를 뿌리는 일이다.

7

우리의 숲, 우리를 위한 가능성

이른 봄, 꽃이 핀 벚나무를 바라보며 느끼는 해방감과도 같은
가벼운 기분을 모르는 사람이 있는가?
폭풍이 몰아쳐도 꿋꿋이 제자리를 지키는 튼튼한 참나무를 보며
그 원초적인 힘에 경탄하지 않는 사람이 있는가?
가을바람에 살랑대는 사시나무 이파리의 속삭임을 아는가?

지난 수십 년 동안 과학과 기술의 발전은 조상들이 몇 세기에 걸쳐 꿈도 꾸지 못했을 새로운 발견과 진보, 생활의 변화를 불러일으켰다.

그럼에도 이 세상을 살아가는 우리의 삶은 기본적으로 크고 작은 수많은 자연의 순환을 유지하는 데 달려 있다. 나무-목재-부식토와 재-나무로 이어지는 순환의 고리는 우리가 이 지구상에서 누리는 복지와 건강과 행복을 자자손손 이어가기 위해 지향해야 할 새로운 의식과 생활태도를 제시한다.

기동성의 어두운 그림자

21세기를 사는 우리는 극도로 발달한 기동성 덕분에 많은 혜택을 누리며 산다. 많은 사람이 단 며칠 휴가를 보내기 위해 한 대륙에서 다른 대륙으로 훌쩍 날아간다. 흙 묻은 당근을 실은 화물차는 유럽을 가로질러 수백 킬로미터를 달려가, 그곳에서 세척을 거친 당근을 다시 싣고, 가공을 위해 다시 수백 킬로미터를 달려 돌아온다. 러시아에서 독일과 오스트리아로, 중앙 유럽에서 일본으로 통나무를 운반해 현지에서 판재를 생산하기도 한다.

교통 부담, 배기가스, 교통사고 사망자, 도로 교통으로 인한 토지 점유의 연간 증가량은 수많은 통계가 말해준다. 이제 천천히 즐기며 속속들이 구경하는 여행은 옛말이 되었다. 이 사실만 보더라도 우리는 기동성을 위해 '희생'하고 있다는 사실을 알 수 있다.

뛰어난 기동성이 정말로 향상된 삶의 질을 의미할까? 자동화된 미래와 항공 교통의 성장에 서둘러 투자하는 일이 시대의 흐름에 발맞추는 행위일까? 근거리 공급 체계는 단지 교통 부담과 유해물질의 감소만을 의미하는 말이 아니다.

지금 이 글을 쓰다보니 대학입학 자격시험을 치른 후 떠났던 여행이 기억난다. 둥근 통나무로 만든 뗏목을 타고 우리는 며칠에 걸쳐 도나우강을 따라 오스트리아를 횡단했다. 그때 강변을 따라 천천히 흘러가며 보았던 더없이 아름다운 풍경은 내 기억 속에 지워지지 않는 그림으로 자리 잡고 있다.

우리 집 온실을 들여다볼 때면 이 온실을 짓기 위해 고향의 숲에서 고른 나무가 생각난다. 집안의 바닥재를 보면 우람한 서양물푸레나무·가문비나무·참나무가 떠오른다. 나는 우리 집의 캠브라잣나무 상자에 유기농 곡식을 채워주는 농부들을 생각한다. 이웃에서 만들어, 화물차에 실려 이리저리 돌아다닌 적이 없는 우유와 버터를 생각하고, 내 아내가 직접 만든 요구르트를, 그리고 고향의 아마亞麻로 짠 직물과 단열재를 생각한다.

낯선 단어 '쓰레기'

이미 말했듯이 할아버지는 가족이 살 집을 직접 지었다. 고향의 숲에서 나무를 베어, 창문과 의자까지 모두 손수 만드셨다. 아담한 목조 가옥이 주는 쾌적함은 우리 아이들과 함께 증조할아버지, 증조할머니를 찾아갈 때마다 우리를 사로잡았다. 할아버지가 들려주는 수많은 경험담은 듣는 사람의 귀를 쫑긋하게 만들었다. 때로는 오늘날의 직업 세계와 비교를 하기도 했다. 그때 나눈 대화와 관련해 떠오르는 몇 가지 생각을 소개하겠다.

할아버지가 자신의 목조 가옥을 지은 후 75년이 지난 지금, 그 집과 같은 크기의 집을 짓는 데는 건축자재의 종류에 따라 그 당시에 든 에너지의 다섯 배에서 130배의 에너지가 소모된다.

◆ 에너지 소비량으로 본 부정적인 발전 상황

(잘츠부르크 주정부 환경·에너지 상담소 1995년 자료)

미국 국민 1인당 평균 에너지 소비량과 같은 양의 에너지를 국가에 따라 다음과 같은 수의 사람들이 소비한다.

미국 1명

독일 2명

오스트리아·스위스 3명

인도 60명

탄자니아 160명

르완다 1,100명

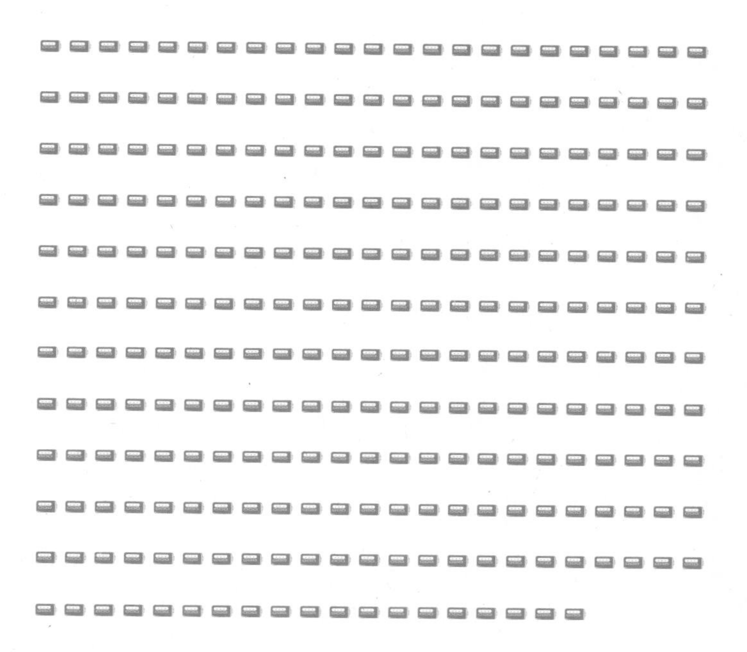

위의 비교를 보면 이상한 점이 눈에 띈다. 현대적인 주택이 더 좋지도, 더 쾌적하지도, 건강에 더 유익하지도, 내구성이 더 뛰어나지도 않다는 점이다. 오히려 그 반대다. 할아버지의 목조 가옥은 쾌적한 온기와 아늑함을 주는 동시에 곰팡이가 슬지도 않았고, '현대적' 건축 자재가 내뿜는 유독한 성분도 나오지 않았다. 오늘날 그 집에서는 할아버지의 가족이 4대째 살면서 소중한 가치를 누리고 있다.

할아버지 시대의 원칙은 '모든 것을 가장 가까운 곳에서 마련한다'였다. 이 원칙은 집을 짓기 위해 나무를 구할 때만 적용되지는 않았다. 의복도 고향의 양모와 아마亞麻로 만들었다. 식료품을 먼 곳에서 운반해오는 일은 알지도 못했다. '그때는 끔찍하게 가난했던 시절이었으니까!'라고 말하기 전에 그 시대 사람들이 지킨 또 하나의 원칙을 살펴보고, 그 원칙이 현대 사회에 던지는 의미를 생각해보기 바란다.

쓰레기·폐기물·고물 같은 말을 우리네 아버지, 할머니는 알지 못했다. 쓸모없는 물건은 없었다. 모든 물건에는 마땅히 '쓸모'가 있었고, 사람들은 그 '쓸모'를 찾으려고 애썼다. 물론 '쓸모'는 때때로 달라졌다. 영원히 사용할 수 있는 물건은 없다. 그러나 모든 물건은 '유효 기간'이 다한 후에도 갈 곳이 있었다.

"마을에 쓰레기 집하장이 생겼나요?" 이런 내 추측에 할아버지는 머리를 가로저었다. 이러한 '진보'를 할아버지는 훗날에야 알게 되었다.

"우리는 언제나 수직手織 아마로 셔츠를 만들어 입었어. 뜨거운 여름에도 아마를 입으면 일을 할 수 있었지. 일은 지금보다 훨씬 더 힘들었지만, 우리는 한 번도 허리가 아픈 적이 없었다." 할아버지는 이렇게 말했다.

해어지거나 찢어진 아마 셔츠는 깁고 꿰매어 정말로 더는 수선할 수 없을 때까지 고쳐 입었다. 못 입게 된 옷도 쓰레기가 되려면 아직 한참 멀었다. 깨끗하게 빨아 걸레로 사용했고, 걸레가 너덜

너덜해진 뒤에도 쓰레기통으로 들어가지는 않았다. 아마 셔츠는 아마 밭에서 왔다. 그러므로 퇴비가 되어 그곳으로 돌아가는 일이 너무도 당연했다. 아마 옷은 또 자랄 것이다. 일요일에 입을 좋은 새 셔츠와 마을에서 태어나는 어린 아기에게 입힐 배내옷도.

아마 셔츠뿐만 아니라 그 시절에는 모든 물건을 이와 같이 소비했다. 할아버지 시대의 이와 같은 생활 태도가 진정 낡아빠진 행태일까? 오늘날이 향하고 있는 복고의 길에서 우리가 기대하는 보상은 어떤 것인가?

석유 제품과 소비사회

가슴에 손을 얹고 생각해보라. 누구나 한번쯤은 화려한 상품 소비의 세상에 눈이 부신 적이 있을 것이다. 현대의 복지사회는 누구에게나 무제한의 쇼핑 가능성을 제공한다. 우리는 몇 년마다 도배를 다시 하고, 가구와 바닥재를 새것으로 바꾸며, 여러 가지 물건을 새로 장만하며 좋아한다. 그러면 예전에 쓰던 물건은 어떻게 되는가?

이와 같은 새로운 소비 행태는 수많은 제품에 쓰이는 원자재가 다른 물질로 대체되면서 일어난 현상이다. 예로부터 사용해온 나무, 돌, 식물과 같은 천연재료로는 지금과 같은 소비 사회가 유지되지 못했을 것이다. 어마어마한 광고의 홍수는 익숙한 천연의 원자재를 쓸어내고, 그 자리를 플라스틱과 합성물질, 그리고 뭐가 들었는지 알 수 없는 온갖 화합물로 채웠다.

이와 같은 새로운 원자재는 거의 대부분이 석유 화합물이다. 플라스틱, 염료, 합성섬유, 코팅제…… 석유 화합물의 이름을 나열하면 매우 긴 목록이 만들어진다. 뿐만 아니라, 원유를 가공해 석유화학 제품을 완성하기까지 거쳐야 하는 화학적 합성 과정이 오래 걸린다. 그 과정에서 발생하는 유해한 부산물과 폐기물의 목록도 마찬가지다. 실험실에서는 끊임없이 지구상에 없던 새로운 분자구조가 생성되고 있다. 인간과 동물과 식물들은 이와 같은 분자를 어떻게 해야 좋을지 아무도 모른다.

심지어 목재도 자세히 살펴보면 순수 목재가 아니라, 대팻밥과 널판을 접착제로 붙이고 염료를 칠한 후 코팅을 한 경우가 적지 않다. 한마디로 목제품에도 유해물질이 포함되어 있다.

우리가 어찌 처리해야 할지 모르는 특수 폐기물과 마찬가지로 알레르기, 호흡 곤란, 유전자 정보 교란 등도 이제는 세상의 일부가 되었으며, 우리 자녀들은 그런 세상에서 살아가게 된다.

이 글을 쓰는 지금 나는 할아버지가 간단한 연장을 이용해 손수 만든 의자에 앉아 있다. 할아버지가 창출한 이 가치는 오늘날 당신의 증손들에게까지 질 좋은 삶을 제공하고 있다. 나는 경목(hard wood: 활엽수)으로 깐 바닥을 보며, 내 아이와 손자도 나와 내 아내가 사용한 바닥을 그대로 사용할 생각에 마음이 흐뭇해진다. 나는 목수들이 만든 수백 년 된 우리네 가옥을 생각한다. 손으로 만든 창의적이며 견고한 제품은 자연을 거스르는 일회용 제품보다 훨씬 앞서 진정한 삶의 기쁨을 선사했다.

내가 아직 어릴 때인 1960년대는 과학과 기술에 무한 신뢰를 보내던 시대였다. 사람들은 경제성장 시대의 제품을 대부분 아무런 의심 없이 소비했다. 그러나 소비자들이 정신을 차리기까지는 그리 오래 걸리지 않았다. 화학물질과 유독 가스로 인한 충격적인 사고, 체르노빌 원자력발전소 붕괴, 목재 보호제에 따른 중독 등은 과학과 기술에 대한 신뢰를 무너뜨렸다. 기후변화, 극심한 교통체증, 지금까지 알려지지 않았던 질병과 알레르기 등이 성장의 한계를 여실히 보여준다.

인간이 만든 물건이 잠시 쓰고 버려지는 사회에서는 언젠가 일과 삶에 대한 즐거움마저 사라질 수 있으며, 노인의 지혜는 쓸모없는 지식이라며 무시될지도 모른다.

따라서 우리 세대가 해결해야 할 막중한 과제 하나는 다시 자연과 인간을 생각하는 경영 체제로 돌아가는 일이다. 그 길 끝에서 우리는 우리가 하는 일을 통해 즐거움과 자부심을 얻게 될 것이다.

여기서 한 가지 일화를 소개한다. 할아버지 내외가 우리 집에 오셨을 때였다. 할아버지는 나를 도와 작은 테라스에 바닥재를 깔고 있었다. 우리가 일하는 동안 할머니는 정원 벤치에 앉아 그 모습을 바라보았다. 할아버지가 잠시 휴식을 취하기 위해 할머니 옆에 앉자, 할머니가 이렇게 말씀하셨다.

"일하는 모습이 참 보기 좋네요!"

그러자 할아버지는 싱긋 웃으며 이렇게 대꾸했다.

"일하는 것 자체가 참 좋지!" 할아버지는 할머니의 손을 꼭 잡아드리고는 일어나 다시 일하기 시작했다.

나는 우리 모두 자신이 하는 일에서 즐거움을 느끼고 우리 할아버지처럼 건강하게 오래 살기를 바란다. 그 길로 가는 첫걸음은 자연이 선사하는 값진 재료를 조심스럽게, 정성을 다해 다루는 일이다.

예나 지금이나 우리와 우리 아이들이 새로운 세상에 눈을 뜨도록 도와주는 사람은 언제나 노인이다. 나는 어릴 때 내 할아버지가 만들어주신 목마 위에서 처음으로 세상을 보는 새로운 시각을 경험했다. 아버지를 일찍 여의고 암담한 나날을 보내던 시절에 나와 내 형제들을 물심양면으로 도와주신 분들은 이웃의 노인이었다. 카르벤델 산맥의 새내기 산림관리사였던 내게 내 관리구역의 비밀을 알려준 수렵장인狩獵匠人 프리츠 뢰플러도 노인이었다. 할머니는 나와 내 아내가 젊은 나이에도 새로운 길을 개척하도록 용기를 주었고, 자신은 희생하면서 60년에 걸친 행복한 결혼생활의 모범을 보이셨다.

나는 내 아이들이 할아버지와 할머니의 사랑을 받으며 자랄 수 있어 참 다행이라고 생각한다. 내 어머니가 외손자에게 손짓 발짓을 동원해 옛날이야기를 해주실 때면, 아이는 "할머니 최고!"를 외치며 텔레비전을 볼 생각을 하지 않는다.

노인의 지혜와 사랑은 우리가 일상에서 즐길 수 있는 귀한 보물이며, 행복을 소비 사회의 허상에서 추구하지 않도록 우리를 지켜주는 안전장치다.

자연의 에너지 순환

우리는 해를 등지고
산에서 석탄을 캔다

우리는 해를 등지고
지하에서 석유를 끌어올린다

우리는 해를 등지고
원자를 분해한다

우리는 언제 돌아설 것인가?

-프리츠 길링거

좁은 의미의 태양에너지는 집열판을 통해 직접 이용되는 에너지를 의미한다. 오늘날에는 이 태양열을 이용해 주택의 난방과 온수에 필요한 에너지를 최대 100퍼센트까지 조달할 수 있다. 넓은 의미의 태양에너지는 나무, 물, 바람 등 자연의 형태로 저장된 모든 에너지까지 포함한 개념이다. 넓은 의미의 태양에너지를 이용하면 우리에게 필요한 모든 에너지의 대부분을 공급할 수 있고, 장기적으로는 소비량의 거의 전부를 충당할 수 있다. 그러나 유럽의 에너지 공급체계는 여전히 석유, 가스, 석탄과 같이 재생이 불가능한 에너지원에 주로 의존하고 있다.

우리의 지구는 수백만 년 전에 대기 중의 탄소가 석탄·석유·가스의 형태로 결합한 후에야 비로소 생물체가 살 수 있는 환경이 되었다. 화석연료를 이용한 현대의 에너지 공급은 이와 같은 과정을 거꾸로 밟는 행위다. 멈추지 않으면 지구는 다시 생물이 살 수 없는 곳이 되고 만다.

다행히도 자연은 우리에게 손을 내민다. 그 손을 잡자! 매일 우리의 눈앞에서 자연의 에너지 순환이 일어나고 있다. 하루에 순환되는 에너지의 양은 전 인류가 1년 동안 쓰는 에너지의 몇 배에 해당한다.

전 세계 임목林木의 하루 성장량은 수백만 SCM(= m^3)에 이른다. 오스트리아 같이 아주 작은 나라에서도 임목의 총 성장량은 1초에 1세제곱미터나 된다. 가로, 세로, 높이가 각 1미터인 순수 목재

오스트리아의 임목 총 성장량은 1초에 1세제곱미터다.

가 1초 만에 생기는 셈이다.

매일 대양의 물은 태양열에 의해 상상도 할 수 없이 많은 양이 대기로 증발한다. 대기 중의 수증기는 비가 되어 개울과 강을 채우고 다시 바다로 돌아간다.

산들바람이나 폭풍 등 태양이 매일 불러일으키는 공기의 흐름은 세상의 모든 기계를 작동할 수 있는 양의 에너지를 갖고 있다. 태양은 매일 뜬다.

이와 같은 기적을 우리는 언제 깨달을 것인가? 이와 같은 자연현상에 비하면 우리의 에너지 소비량은 빙산의 일각일 뿐이다. 그 사실을 우리는 언제쯤이나 인식할 것인가? 우리가 자연의 거대한 에너지 순환에 동참할 경우 우리의 에너지 소비량은 극소량에 지나지 않지만, 우리가 앞으로도 계속 석유와 가스와 석탄과 원자력에 의존한다면, 이 극소량으로 지구 자연의 균형을 파괴하고도 남을 것이다.

새싹이 자라 거목이 되고, 늙은 거목은 마침내 쓰러진다. 나무는 이와 같은 자연적인 삶의 여정을 마치는 순간까지 수풀 사회의 질서를 유지하기 위해 수십 년에 걸쳐 싸워왔다. 덕분에 동물들과 숲 전체의 생물 공동체는 보호를 받았고, 살아가는 데 필요한 양분을 얻었다. 나무가 뿌리내렸던 땅에는 활엽수와 침엽수 이파리들이 떨어져, 다음 세대를 위한 부식토가 된다. 나무는 번식의 의무도 다했고, 마침내 왔던 길로 돌아간다. 쓰러진 거목은 흙으로 돌아가, 어린 나무들을 위한 양분이 된다. 죽은 나무는 어린 나무의 몸에서 계속 살아간다.

이와 같이 나무에서 부식토로 생명체가 변환하는 과정은 자연의 균형을 유지하는 가운데 진행된다. 나무는 성장을 위해 대기大氣에서 취한 이산화탄소(CO_2)와 태양 에너지를 부식 과정에서 대기에게 되돌려준다.

우리는 이 값진 선물을 반기고 자연의 순리에 따라야 할 것이다. 그리고 우리뿐만 아니라 우리의 자손도 그 혜택을 누릴 수 있도록 이 선물을 보존해야 할 것이다. 그러기 위해 우리는 자연을 아끼고 돌보고 보살펴야 하며, 사랑과 정성을 다해 숲을 가꾸고 이용해야 한다.

태양은 매일 떠오른다. 나는 독자 여러분 모두가, 그리고 우리의 아이들 모두가 태양주택에 살며 나무와 천연 자원을 이용하는 시대를 맞이하기 바란다. 나는 우리 사회가 자연의 거대한 에너지 흐름에 동참하고, 삼라만상이 주는 선물을 인식하기 바란다. 아이의 장난감을 사는 어머니와 '작은 보금자리'를 마련하는 아버지부터 정치와 경제를 책임지는 사람들에 이르기까지…….

공기를 정화하는 에너지 공급 시스템

이미 밝혔듯이 유럽의 에너지 공급은 대부분 석유, 가스, 석탄과 같이 재생할 수 없는 에너지원에 의존하고 있다. 이러한 에너지 공급체계는 우리의 환경과 건강을 위협한다는 결정적인 단점이 있다. 석유 1톤을 태울 때 2.8톤의 이산화탄소가 배기가스 형태로 공기 중에 방출된다. 따라서 석유·가스·석탄을 주요 연료로 사용할 경우 대기 중의 이산화탄소 양이 증가하여, 대기온도 상승을 비롯한 여러 가지 위험 요인을 낳는다. 이러한 현상은 현대의 복지사회가 어쩔 수 없이 받아들여야 하는 결과인가? 현명한 대안은 없을까? 에너지 문제에 대한 해답은 우리의 숲에서 찾을 수 있다. 숲이 제공하는 에너지를 얻는 데는 파이프라인도, 해상 굴착

기지도, 원자로도 필요 없다. 나무는 깨끗한 에너지를 무한정 공급한다.

나무를 제대로 태울 때 발생하는 이산화탄소의 양은 나무가 성장을 위해 대기에서 취한 이산화탄소의 양을 1그램도 넘지 않는다. 이는 우리 주변의 이산화탄소 양을 증가시키지 않는 완전한 순환이다.

그뿐이 아니다. 지구 대기권의 이산화탄소 양은 이미 적정선을 넘었다. 나무는 대기권의 이산화탄소 초과량을 줄이는 가능성도 제공한다.

숲은 공기 중의 이산화탄소를 받아들여 나무가 성장하는 데 필요한 양분으로 사용한다. 그 나무로 지은 집이나 가구는 이산화탄소를 탄소의 형태로 1세제곱미터당 250킬로그램씩 붙들고 있다. 목조 가옥 한 채를 지으면 공기 중에서 약 2만 킬로그램의 탄소를 빼오는 효과를 얻을 수 있다.

말하자면, 목재를 가공하는 일은 대기에서 이산화탄소를 취해 탄소의 형태로 목재 속에 안전하게 가둬두는 일이다.

우리가 나무로 집, 가구, 바닥, 또는 장난감을 만들면 깨끗한 공기를 덤으로 얻는다.

기본적으로 석탄, 석유, 천연 가스를 태울 때에도 그 속에 저장된 태양 에너지가 방출된다. 이들 화석연료도 식물과 유기물에서 생성된 물질이다.

온실 가스

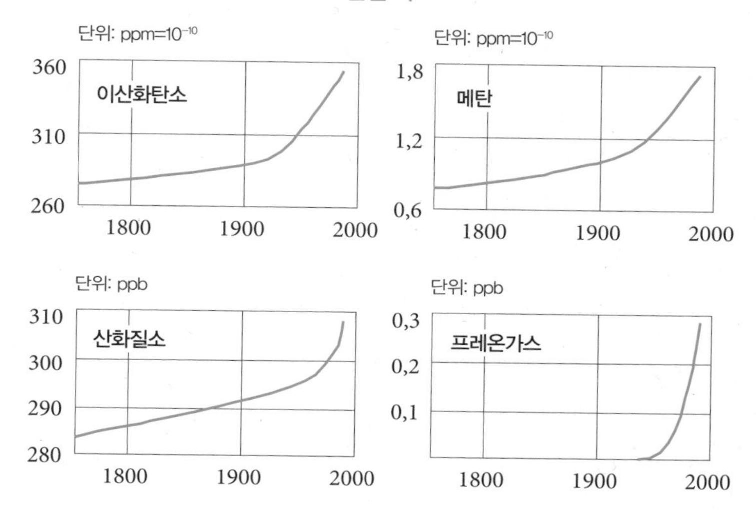

온실가스는 지구의 열이 대기권 밖으로 나가지 못하도록 방해하여 지구 온난화를 야기한다. 온실가스의 주요 성분은 이산화탄소, 메탄, 산화질소, 프레온가스다. 프레온가스를 제외한 이들 기체의 대기 중 밀도는 1800년부터 줄곧 증가해왔다. 프레온가스는 사용이 규제되고 있다(출처: 유엔 세계기상기구) (ppm=10^{-6}, ppb=10^{-9}).

그러나 화석연료와 나무는 연소 시 본질적인 차이가 있다.

첫째, 이를테면 기름을 태울 때 나오는 유황 화합물과 산화질소 화합물이 나무를 태울 때는 나오지 않는다.

둘째, 화석 연료를 태울 때 우리는 나무를 태울 때와는 비교도 할 수 없는 긴 시간을 지나치게 압축한다. 나무가 성장하는 데는 수십 년 또는 수백 년이 걸리지만, 석유·석탄·가스는 수백만 년에 걸쳐 생성된 물질이다.

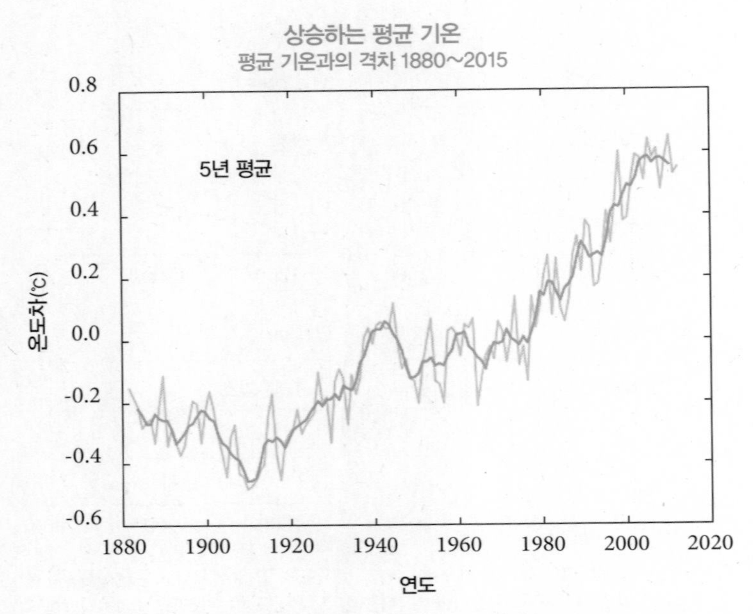

1880년 이후 지구의 평균 기온이 꾸준히 상승해온 것은 명백한 사실이다. 1980년부터는 상승세가 유지되고 있다(출처: 사이로그스 SciLogs, 학문스펙트럼출판사 블로그, 2015년 12월 게시).

수백만 년에 걸쳐 저장된 에너지를 여러 세대에 걸쳐 사용한다 하더라도, 그 기간을 지구 역사의 시계로 재면 1초의 몇 분의 1에 지나지 않는 짧은 시간이다. 원래 천천히 진행되는 순환에 너무 심하게 박차를 가하면, 대기는 기후변화, 오존층 파괴, 세계적인 기온상승, 숲의 괴사 등으로 반응한다.

우리가 화석 연료를 앞으로도 계속 집중적으로 사용한다면, 우리는 괴테의 시에 나오는 마술견습생과도 같이, 우리가 불러일으

켰으나 우리 스스로 제어할 수 없는 난감한 사태에 직면하게 될 것이다.

우리가 계속해서 석유, 석탄, 천연 가스를 지구 역사의 시계로 1초도 안 되는 시간에 순환시킨다면, 오존층 파괴가 지구 온난화를 불러일으키느냐 아니면 빙하기를 초래하느냐는 2차적인 문제로 밀려날 것이다.

인류는 물 부족으로 멸종할 수도 있고, 오존층에서 흡수되지 않고 바로 투과하는 광선에 타 죽을 수도 있다. 얼어 죽을 수도 있고, 굶어 죽을 수도 있다. 아니면 빙하가 녹아 범람한 바닷물에 빠져 죽을 수도 있다. 이와 같은 인류의 종말을 그린 시나리오가 현실이 되는 날이 오지 않는다는 보장은 없다. 에너지는 인간의 생존과 문명에 꼭 필요한 요소다. 우리가 에너지를 사용하면서 자연의 순환법칙을 지키고 따른다면, 에너지 사용으로 발생하는 환경 파괴와 기후 변화는 막을 수 있다.

자연이 숲과 나무를 통해, 그리고 재생할 수 있는 에너지원을 통해 매일 우리에게 제공하는 선물에 이제는 눈길을 돌릴 때다.

나무는 가공방식에 따라 건축자재나 가구 또는 장난감의 재료로 사용한 뒤 연료로 재활용할 수 있다. 땔나무는 태양에너지를 방출하는 무해한 연료이며, 연소 후에는 재와 부식토가 된다. 이 책을 통해 목재를 이와 같이 가공하는 일이 가능하다는 사실을 알 수 있다.

독자 여러분은 잠시 이 책을 내려놓고, 편안한 자세를 취한 뒤 눈을 감아보기 바란다. 마지막으로 숲속을 걸었던 때를 기억하는가? 상쾌하고 달콤한, 활력을 주는 숲의 향기가 느껴지는가? 숲은 매일매일 공기를 정화하는 태양열 발전소다. 이는 하늘이 내린 선물이 아닌가?

자연에서 언제든지 얻을 수 있는 선물! 이 발전소는 우리를 위해 연중무휴로 일한다.

우리가 이러한 자연의 순환을 이용하고 유지하기 위해서는 충족시켜야 할 중요한 조건이 있다. 우리가 자연에서 취하는 모든 목재는 자연의 순환 과정을 밟을 수 있도록 자연으로 되돌려주어야 한다는 점이다. 그러기 위해서는 다음 사항을 지켜야 한다.

- 목재를 가공할 때는 천연의 재료만 사용해야 한다. 그래야만 나무가 퇴비와 같은 자연적인 단계를 거쳐 자연으로 돌아가는 길을 찾을 수 있다.
- 목재의 표면이나 내부에 합성화학 물질로 된 보호제, 래커, 접착제 등을 사용하지 않는다. 이들 물질은 연소 시 유해물질을 방출하거나 수질을 오염한다.
- 목재의 표면이나 내부에 실험실에서 탄생한, 자연에 존재하지 않는 물질을 사용해서는 안 된다.

위의 기본 원칙을 지키지 않으면 목재의 순환은 '특수 폐기물'이라는 막다른 골목에서 끝나고 만다.

중앙유럽의 여러 나라에서 나타난 사례를 통해 우리는 다음과 같은 사실을 확인할 수 있다. 우리는 생활에 필요한 모든 건축자재와 에너지를 환경을 파괴하지 않는 공급원에서 취할 수 있다(이에 관한 상세한 내용은 빈 우르누스 출판사에서 나온 크론베르거Hans Kronberger와 나글러Hans Nagler의 공저 『순한 길 *Der sanfte Weg*』을 참조하기 바란다). 모든 건축주는 건축자재의 올바른 선택만으로도 엄청난 양의 에너지를 절약할 수 있으므로 불필요한 에너지 낭비를 막을 수 있다. 이를테면 창틀을 목재로 시공할 경우 소비하게 될 에너지의 양은 알루미늄 창틀을 선택했을 때의 126분의 1에 지나지 않는다. 바꾸어 말하면, 집 한 채의 창틀을 알루미늄으로 시공할 때 드는 에너지로 알루미늄이 아닌 목재 창틀을 시공하면 무려 126채나 되는 집의 창틀을 모두 시공할 수 있다.

창틀·문·바닥·집·가구 등등 같은 용도의 물건을 생산하는 데 필요한 에너지의 양이 재료에 따라 얼마나 다른지 알고 있는가?

다음 막대그래프를 보면 재료에 따른 에너지 소모량의 비를 알 수 있다.

위 예에 나타난 에너지 소모량의 비율은 모든 건축자재에 적용할 수 있다. 이를테면 바닥재를 목재로 만들 때와 플라스틱으로

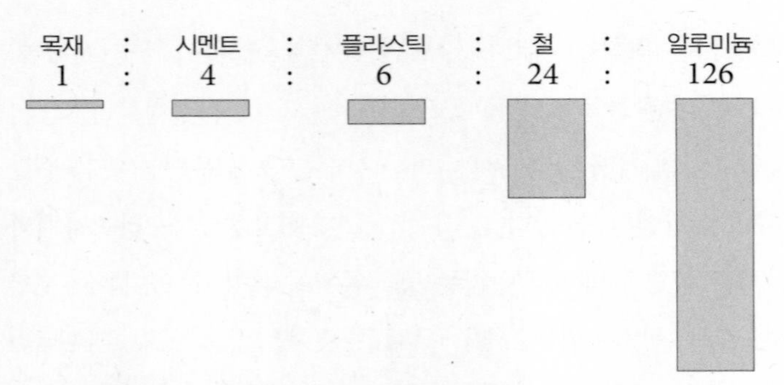

한 개의 알루미늄 창틀을 만들 때 필요한 에너지의 양으로 목재 창틀 126개를 만들 수 있다. 에너지 소비는 곧 환경에 부담을 주는 행위다(출처: 뮌헨공과대학, 바이에른 목재경제협의회, 바이에른 농림부, 본 연방환경부 1995년 자료).

만들 때, 단열재에 천연의 재료를 쓸 때와 스티로폼을 쓸 때, 그밖에 문, 계단, 가구 등등 어떤 물건을 비교하든 재료에 따른 비율은 동일하다. 목재를 생산하는 데는 발전소도, 공장도, 굴뚝도 필요 없다. 목재를 사용하는 일은 에너지를 절약하고 환경을 보호하는 일이다.

우리는 천연자원인 목재를 유용하게 써야 할 것이다. 숲에는 충분한 목재가 있다. 숲은 우리가 이용하기에 가장 편리한 에너지원이다.

우리가 중앙유럽에서 생산되는 목재를 쓸 수 있는 곳에 모두 쓰더라도, 이를테면 집을 지을 때 바닥부터 지붕까지 모두 목재를 쓰고, 가구도 나무로만 짜고, 난방 연료로 쓰고, 종이 생산에 쓰더라도 연간 임목 성장량을 다 쓰지 못한다.

어차피 임목의 일부는 사람이 쓰지 않더라도 생장을 멈추고 부식토가 된다.

임목 재고在庫에 관한 통계에 따르면 독일과 오스트리아에서 1년에 벌채하는 임목의 양은 연간 성장량의 약 3분의 2에 지나지 않는다. 그런데 이 사용량마저 우리는 잘못 사용하고 있다. '현대적으로' 가공된 목재의 대부분이 유독성의 목재 방부제, 래커, 접착제 등의 사용으로 인해 생태계의 법칙에 따라 자연으로 돌아가는 길을 찾지 못한다.

거대 에너지원인 숲, 태양열 발전소인 숲을 우리는 아직도 제대로 이용하지 못하고 있다. 우리가 숲에서 일어나는 에너지 순환의 단순한 원리를 인식하고 우리의 에너지 사용 방식을 이 완전한 순환과 일체화한다면, 우리는 자연이 제공하는 에너지원을 이용할 수 있으므로 위험천만한 원자력 발전이나 환경을 파괴하는 석탄, 석유, 가스의 사용을 거부할 수 있다.

숲의 나무는 스스로 재활용한다. 세상에서 가장 큰 이산화탄소 유치장이자 태양 에너지의 저장고인 동시에, 부산물로 산소와 깨끗한 공기를 제공하는 발전소다.

숲이 위험해진다

모든 나무는 하늘과 땅을 이어주는 신비로운 생명체다. 숲은 나무의 공동체이며 다른 식물과 동물의 공동체가 나무 우듬지의 보호 아래 살아가는 곳이다. 생명체는 언제 평온하다고 느낄까? 당신은 언제 평온한 기분이 드는가? 당신의 자녀들은? 당신이 생각하는 건강과 행복의 기반은 무엇인가? 사랑을 받고, 그 사랑을 다른 사람에게 나누어줄 수 있을 때 우리는 건강과 행복을 얻을 수 있다.

누구나 알다시피, 꽃과 대화하고 꽃을 쓰다듬으며, 꽃을 좋아하는 사람이 가장 아름다운 꽃을 피운다.

우리는 왜 이와 같은 원리를 숲에 응용하지 않는가? 숲을 사랑하자! 우리가 숲을 사랑하면 우리 한 사람, 한 사람이 행복해진다.

그런데 숲을 사랑하는 행위가 일상에서는 어떻게 나타날까? 사랑한다는 말은 자신의 삶에서 그 대상을 변함없이 품는 행위를 뜻한다. 사랑하는 사람 또는 사랑하는 물건은 결코 우리의 삶에서 배제되어서는 안 된다. 그런데 현실의 숲은 우리의 외면으로 인해 병을 앓고 있다. 공기 오염과 나무좀은 단지 인간의 관심을 잃은 숲에 나타나는 부수적인 현상일 뿐이다.

북아메리카 초원의 거대한 들소 떼를 생각해보라. 그곳 원주민인 인디언이 들소를 사랑하고 보호하며 사려 깊게 이용하는 동안에는 들소도 인디언도 잘 살았다. 그 균형은 수 세기 동안 유지되었다. 인디언은 들소의 고기에서 양식을 얻었고, 가죽으로는 머리 위에 일 지붕을 삼았다. 그러나 그곳에 이주한 백인은 삶의 근간이 달랐고, 들소 떼를 인디언처럼 마음으로 이해하지 않았다. 머지않아 백인이 초원의 대부분을 차지하게 되었으나, 이들은 마음속에 들소를 품지 않았고, 그 후 들소가 멸종 위기를 맞이하기까지는 오랜 시간이 걸리지 않았다.

우리의 숲도 우리 마음에서 사라질 위기를 맞이하고 있다. 더는 나무가 필요 없다고 생각하는 사람은 나무를 돌보지 않는다. 더는 돌보지 않는다는 말은 더는 사랑하지 않는다는 말이다.

우리 아이들이 더는 목조 가옥에 살지 않고 목제 가구도 없는 집에서 자랄 때, 우리의 숲이 위험해진다. 아이들이 거실 바닥에서, 장난감에서, 악기와 예술품에서 나뭇결이 그리는 신비로운 무늬를 구경하지 못한다면, 어린 시절 내내 플라스틱만 접하느라 나무의 표면이 주는 온기를 느끼지 못한다면, 콘크리트나 철제 기둥에 둘러싸여 나무 기둥을 안아보지 못한다면, 그 아이들은 자라서도 나무와 숲을 친구처럼 가까이하는 법을 모르고, 신비를 발견하기도 어렵다. 어린 시절에 자주 만져보았던 목제품이 있는가? 매일 밤 잠자리에 들었을 때, 침실의 바닥재 또는 가구의 나뭇결이 그리는 무늬에서 사람 얼굴이나 동물 또는 그 밖에 여러 가지 형상을 발견한 적이 있는가?

이렇게 목재를 만지고 보며 살아가는 가운데 우리는 자연스럽게 대자연에 둘러싸여 하루하루를 보낸다. 그 경험을 포기할 수 있는가?

우리가 목재를 값싼 원자재로만 생각하고 하늘이 내리는 선물이라는 생각을 하지 않을 때, 우리의 숲이 위험해진다.

우리가 숲의 거목을 베면, 그곳에서 자라는 어린 식물들이 햇빛을 받아 성장할 수 있는 길이 트인다. 그러나 금전적인 욕심에 드넓은 숲을 민둥산으로 만들어버리면, 우리의 숲은 위험에 처한다. 목재를 화학물질로 가공하여 훗날 특수 폐기물로 처리하면, 나무는 부식토로 돌아가는 길을 찾지 못하므로 결국 숲이 위험해진다.

그러나 우리는 이와 같은 위협을 다른 방향을 가리키는 표지판으로 삼을 수 있다. 나무를 즐거운 마음으로 사려 깊게 이용하고 우리 삶의 일부로 만든다면, 숲을 위한 건강한 환경을 조성하기도 쉬워질 것이다. 나무를 지혜롭게 사용하면 엄청난 양의 에너지를 절약할 수 있고, 깨끗한 공기도 얻을 수 있다.

이 자리에서 유럽의 조림업자와 산림관리사를 대변해 한마디 하고자 한다. 단순림의 시대는 지난 지 이미 오래다. 다행히도 우리네 숲 가운데 단순림은 극히 드문 예외일 뿐이다. 대학교의 산림학과에서부터 소규모 조림업자에 이르기까지, 이 문제에 관해서는 줄곧 자연과 생태계를 충분히 배려한 사고와 행동을 유지해왔다. 오늘날 우리는 입지에 적합한 혼합림을 조성해야 하는 이유를 다름 아닌 숲에서 발견하고 있다. 이들 숲 관계자 모두에게 고마운 마음을 전한다.

숲을 다루는 가장 좋은 방법은 우리의 삶에서 목재에게 중요한 소임을 맡기는 방법이다. 목재를 다룰 줄 아는 수공手工이 있을 때, 그리고 사람들이 숲과 목재가 주는 선물을 기꺼이 받을 때 숲은 그 어느 때보다 건강하다.

숲을 보호하는 길은 숲이 주는 선물을 받아 지혜롭게 이용하는 일이다.

신비한 나무의 일생

나무로 지은 집에 목제 가구를 들여놓고, 목재 바닥을 밟으며 산다면 얼마나 좋을까? 그러자면 경이로운 피조물을, 살아 있는 나무를 베어야 하는데, 그래도 되는가?

나무의 생명은 언제 시작되는가? 땅속에서 씨앗이 싹을 틔울 때? 나무에서 열매나 씨앗이 땅에 떨어질 때? 아니면 나뭇가지 끝에 달린 씨앗이 자기를 낳아준 '어머니 나무'의 뜻에 따라 자랄 때? 아니면 그전에, 꽃과 열매의 유전자 정보가 결정될 때 이미 나무의 생명이 시작된다고 보아야 할까? 아니, 생명의 시작을 이런 식으로 어느 특정한 시점에 한정할 수 있을까?

나무라는 생명체의 비밀을 파헤치다보면 놀랍고 신기한 여러 가지 순환을 발견하게 된다. 살아서 활동하는 나무는 그 뿌리로써 우리가 모르는 어둠의 세계를 연다. 애초에 우리는 그 세계에서 왔으며, 그 세계로 돌아간다. 그럼에도 우리는 그 어두운 지하 세계에 대해 생각하기를 꺼린다. 그 이유는 어쩌면 그 세계가 우리의 삶이 영원하지 않다는 사실을 일깨워주기 때문인지도 모르겠다.

나무는 자신의 뿌리로 어둠의 세계 속으로 파고들어, 그 세계를 변화시켜 자신과 맞바꾼다. 어둠의 지하 세계에 단단히 뿌리박은 채, 나무줄기는 전혀 다른 물질이 되어 땅 위로 솟아오르고, 잎과 꽃과 열매가 달린 가지를 하늘을 향해, 빛과 태양을 향해 뻗는다. 땅속의 뿌리와는 정반대로 이파리는 빛과 공기, 비바람과 자신을 교환한다. 이러한 교환 작용은 물질적인 측면에서 보면 이산화탄소를 받아들이고 산소를 생산하는 화학작용이지만, 이파리의 색채와 모양과 소리로써 인간과 동물과 식물의 감각 세계에 영향을 미치는 감각적·정신적 작용이기도 하다.

나무는 여러 가지 방법으로 주변 세계와 자신을 교환한다. 그 한 가지 예로 미국에서 연구한 새소리의 주파수와 식물 세포의 성장 사이의 관계를 들 수 있다. 나무가 잘 자라기 위해서는 숲 공동체의 구성원인 새들의 노랫소리도 필요하다.

피터 톰킨스Peter Tomkins와 크리스토퍼 버드Christopher Bird가 함께 쓴 『토양의 비밀*Die Geheimnisse der guten*』을 보면, 특정한 식물 세포들은 특정한 주파수의 새소리가 들릴 때 물과 양분을 더 잘 흡수한다고 나와 있다. 한 마디로, 나무는 새들의 노래를 들을 때 더 잘 자란다.

이 밖에도 나무와 주변 세계는 대단히 복잡하게 얽히고설켜 있기 때문에 인간은 그 관계를 도저히 느끼지 못하거나, 알게 되더라도 할 말을 잃고 만다. 이른 봄, 꽃이 핀 벚나무를 바라보며 느끼는 해방감과도 같은 가벼운 기분을 모르는 사람이 있는가? 폭풍이 몰아쳐도 꿋꿋이 제자리를 지키는 튼튼한 참나무를 보며 그 원초적인 힘에 경탄하지 않는 사람이 있는가? 가을바람에 살랑대는 사시나무 이파리의 속삭임을 아는가? 나무의 언어는 글로 이루 다 표현할 수 없으리만치 경이롭고 다양하다.

나무 우듬지의 이파리와 가지는 빛과 공기의 형태로 나타나는 하늘의 가벼운 힘을 흡수한다. 이 힘은 줄기와 뿌리를 거쳐 땅에 도달하고, 더불어 산소와 생식력과 생명이 깊은 땅속까지 전달된다. 늙은 거목이 뿌린 씨앗은 비옥토의 생명력을 받아 다시금 젊은 나무가 되어, 빛과 태양을 향해 우듬지를 뻗는다. 이로써 순환이 완결된다.

나무 하나하나가 펼쳐 보이는 자연의 장관은 어두운 땅속에 빛을 밝히고, 하늘의 흐르는 기운을 고체로 변환하는 과정이다. 다시 말해, 하늘의 에너지가 나무를 통해 땅속으로 흘러드는 현상이며, 나무가 나무로 살 수 있도록 어둠과 빛이 서로를 보완하는 현상이다.

살아 있는 나무는 단지 생체 반응을 하는 목질 세포의 결합체가 아니다. 나무는 경이로운 순환, 극단의 대립, 긴장, 리듬, 균형운동과 진자운동 등 수많은 비밀을 간직하고 있다.

나무는 영원한 순환의 구성원이다. 따라서 나무의 삶과 죽음을 결정하는 요인은 나무 하나하나의 성장 상태가 아니다. 결정적인 요인은 나무가 품고 있는 불가사의한 비밀이다.

나무를 베는 일은 나무를 파괴하는 행위가 아니다. 나무를 파괴하는 행위는 영원한 순환을 무시한 채, 나무라는 존재를 통해 하늘과 땅이 연결된다는 생각을 말살한 채, 나무의 신비를 파괴할 때 시작될 것이다.

나무는 다양한 종교에서 생명의 상징으로 이해된다.

「창세기」에는 다음과 같은 구절이 나온다.

여호와 하나님이 그 땅에서
보기에 아름답고, 맛난 과실이 열리는
온갖 나무가 나게 하시니
동산 가운데에는 생명나무와
선악을 알게 하는 나무도 있더라.

힌두교의 신성한 무화과나무도 생명의 상징이다. 뿐만 아니라

이슬람 문화권과 인디언 문화, 그리고 게르만 민족 사이에서도 나무는 생명의 상징이다. 생명의 상징인 나무는 벌채로 인해 죽지 않는다. 나무는 우리가 나무와 세상의 연결을 끊을 때, 나무의 리듬과 나무가 이 세상에서 할 일을 빼앗을 때, 그리고 인간의 삶에서 나무를 배제할 때 죽음을 맞이한다.

우리는 나무를 즐기고, 나무가 성숙하면 그 목재를 이용해야 한다. 나무가 주는 목재를 받아들여, 나무의 신비를 우리의 삶에 포함시켜야 한다. 목재를 다 사용한 다음에는 예정된 순환의 길로 보내, 다시 부식토가 되도록 배려해야 한다. 이러한 신비를 보존하는 사람은 자신의 삶에서도 나무의 기적을 경험할 수 있다.

나무의 일생을 알면 실제로 목재를 가공할 때 어떤 장점이 있을까? 건축주와 가구를 사는 사람에게는 어떤 점에서 도움이 될까? 자연을 품은 목재는 살아 있는 유기물이라는 사실을 우리는 생물 시간에 배워 알고 있다. 목재는 나무의 비밀을 간직한 존재라는 의미에서 살아 있는 물질이다. 목재는 인간과 환경에 대해 리듬과 떨림과 평정으로 반응한다. 가공하지 않은 목재는 숨을 쉬고, 습기를 빨아들이고 다시 내뿜는다. 목재는 색채와 형태를 통해, 그리고 가공하는 사람의 정신을 통해 인간과 교감한다.

가구나 바닥은 우리의 마음을 안정시킬 수도 있고, 우리에게 즐거움이나 힘을 줄 수도 있다. 반대로 우리는 가구나 바닥 때문에 지칠 수도, 불안해질 수도 또는 허약해질 수도 있다. 이는 목재로 무엇을 만들 것이며, 목재를 어떻게 취급하고 가공하느냐에 달려 있다.

목재를 유독성 물질로 가공 처리하는 일은 나무를 죽이는 행위다. 우리가 나무를 그 영원한 순환에서 빼돌리면 나무의 신비는 사라지고, 나무는 죽는다. 우리가 목재를 가공하면서 목재가 부식토로 돌아가는 길을 완전히 차단해버리면, 나무는 죽는다.

그러나 합성화학 물질을 사용하지 않고 가공하면 목재는 퇴비가 되거나 연소되어 자연의 순환 궤도에 오를 수 있고, 따라서 생명의 기능을 정상적으로 발휘할 수 있다.

나무를 베는 일은 나무를 죽이는 일이 아니다. 늙은 나무를 베는 일은 자연이 미리 정해놓은 삶의 여정이다. 늙은 나무에서 생기는 부식토는 어린 나무를 위한 삶의 근간인 동시에, 끊임없는 생명의 흐름을 위한 토대이기도 하다.

자연에 대한 경외심을 품고 목재를 가공하는 사람, 목재와 더불어 살며 목재를 다시 자연의 순환 궤도에 올려놓는 사람이 나무와 숲을 얻는다.

맺음말

하늘과 땅의 세계에 활기를 주는 나무

나무는 하늘의 유동적이고 밝은 요소를 땅의 어둡고 무거운 힘과 연결한다. 이와 같은 연결을 통해 두 세계에 활기를 주고, 두 세계를 풍요롭게 만들고, 서로 맞바꾸고, 그리하여 두 세계를 보존하는 일이 나무의 본질이자 신비다.

우리는 이와 같은 자연의 기적을 본받아 우리의 삶 또한 연결고리로 만들어, 우리가 마음껏 누렸던 자연의 보배를 다음 세대에 물려주어야 할 것이다.

그 길은 가기 쉬운 길이다. 아이의 장난감을 구하는 어머니, 건축주, 목수, 건축가, 톱장이, 산림관리사…… 그 누구라도 쉽게 갈 수 있다. 누구나 자신의 위치에서 이 위대한 과업에 동참할 수 있다. 숲이 주는 선물, 경이로운 물질인 목재를 우리의 삶에 기꺼이 받아들이자! 그리하여 나무의 모든 기적과 신비를 우리의 마음속에 품자!

목재를 합성화학 물질 없이 가공하면 수백 년의 내구성을 얻을 수 있고, 사용 후에는 재와 부식토가 되어 다음 세대의 나무들에게 양분을 공급할 수 있다. 이로써 한 번의 순환이 완결된다.

우리의 아이들이 물려받아야 할 자연의 보배를 우리는 의식 있는 행동으로 풍요롭게, 생기 있게 만들고 보존해야 한다. 그 대가로 우리는 충만감과 삶의 기쁨을 얻고, 우리 자신의 신비를 찾아가는 길에서 크게 한 발짝 내딛게 될 것이다.

에르빈 토마

목재를 다루는 데
유익한 정보

벌목을 하기에 좋은 날은 언제인지,
통나무를 가공해 가구를 만들기 전에
얼마나 오래 야적하고 건조해야 하는지,
또는 벽체의 거푸집을 지을 판재에 칠을 할 필요가 있는지
잘 모를 때마다 나는 할아버지께 달려가 물었다.
그런데 누구에게나 이런 할아버지가 있지는 않다.
이 책을 읽으면, 당신도 나처럼 자연과 더불어
아름답고 멋진 삶을 누릴 수 있다.

목재, 매우 특별한 물질

목재는 금속이나 유리 또는 여러 가지 플라스틱처럼 한 가지 형태의 물질이 아니다. 목재는 여러 개의 세포와 미세한 구멍, 모세관과 매우 다양한 내용물로 조직된 유기물이다. 이와 같은 구조 덕분에 목재를 가공하는 사람은 목재가 갖고 있는 온갖 매력적인 특징을 경험할 수 있다.

우선 건축자재의 종류에 따른 견고성과 부피 밀도 사이의 관계는 '파괴 길이'를 들어 설명할 수 있다. 파괴 길이란 매달아놓은 막대가 그 자체의 무게로 인해 갈라지는 길이를 나타내는 용어를 말한다.

한스 하르틀 교수가 1994년 4월 21일자 「목재 전령」지 제16호에 밝힌 바에 따르면, 철의 경우 파괴 길이는 품질에 따라 4~8킬로미터에 이르고, 알루미늄은 11킬로미터, 목재는 종류와 구조에 따라 11~30킬로미터에 이른다.

건축자재로 사용하는 목재는 부피와 중량의 관계나 방음, 단열 효과에서도 이와 유사한 정도의 탁월함을 보인다.

목재의 '작업'

통나무 줄기나 방금 톱질을 끝낸 판재는 목제 가구나 완공된 목조 건축물보다 함수량이 높다. 베어낸 목재는 주변 기후와 적합한 일정한 수준에 이를 때까지 계속 마른다. 이와 같은 건조를 통해 목재는 수축하여 부피가 줄어든다. 이 밖에도 목재는 다양한 움직임을 보인다.

목재의 수축을 자세히 살펴보자.

갓 벤 나무줄기의 모습:

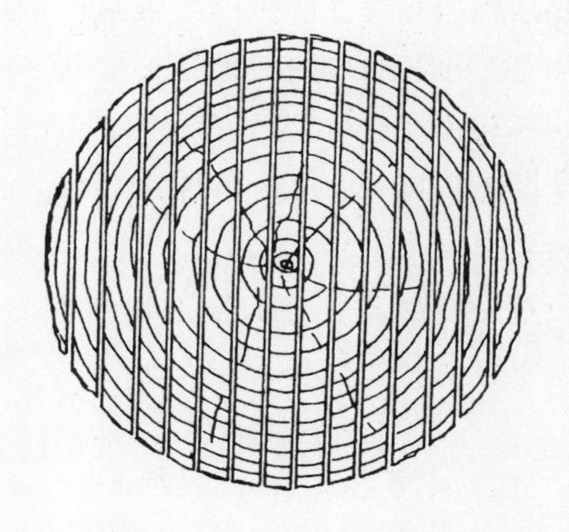

같은 나무줄기가 몇 달 또는 몇 년 후에 보이는 모습:

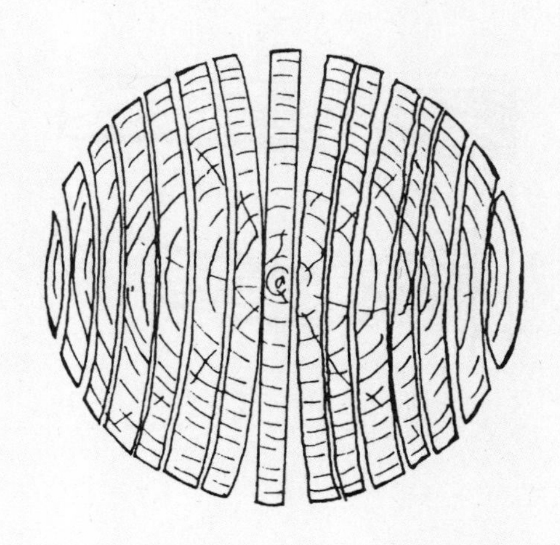

수심樹心 가까이에 있는 오래된 목질부는 수피 쪽의 어린 목질부보다 수축의 정도가 낮다. 통나무나 단단한 각목의 경우 바깥쪽의 어린 나이테는 마치 오크통에 두른 둥근 테처럼 안쪽의 오래된 나이테를 둘러싸고 긴장한다. 어린 목질부의 긴장은 점점 고조되고, 마침내 수심이 갈라지면 그제야 어린 목질부는 비로소 긴장의 끈을 놓는다.

수심부가 없는 각목의 경우 이와 같은 이완에 따른 균열은 그 규모가 훨씬 작다.

나이테가 가로로 나 있는 목재는 세로로 나 있는 목재보다 두 배까지 심하게 수축하고, 따라서 더 심하게 휜다. 가로결 무늬목은 약 8~10퍼센트까지 줄어든다.

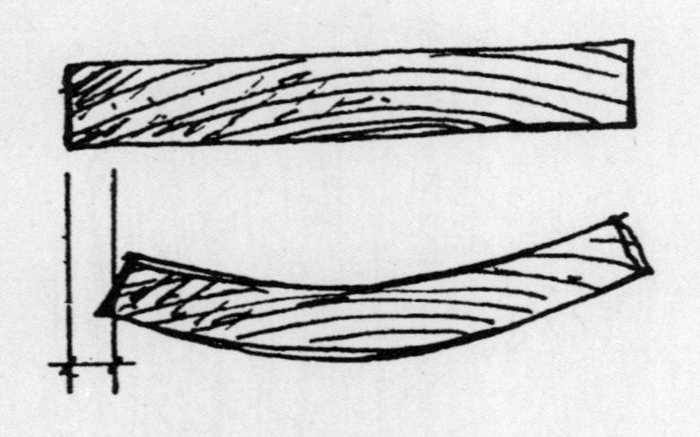

세로결 나이테 목재는 약 5퍼센트 수축에 그치므로 거의 휘지 않는다.

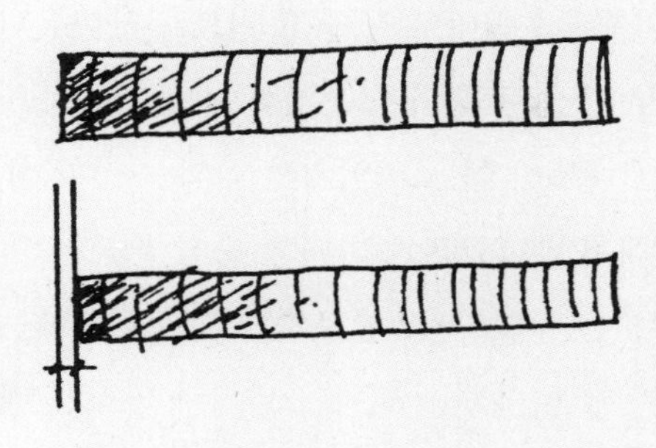

이와 같은 수분 변화로 인한 목재의 모든 움직임을 흔히 '작동'이라고 부른다. 자연적인 방식으로 가공한 목재와 독한 화학물질을 사용한 목재는 그 '작동' 방식이 서로 다르다.

적합한 재종을 적기에 벌채하여 천천히 건조하면, 넓은 부위에 접착제를 바르지 않고도 얌전한 목재를 얻을 수 있다.

목재 구입 시 확인해야 할 사항

다음과 같은 경우를 가정해보자. 당신은 오래된, 카펫이 깔린 거실 바닥을 나무 바닥으로 교체하고자 한다. 이 시대에는 신속성이 곧 실력으로 인정될 때가 적지 않다. 그런 의미에서 당신은 얼른 가까운 목재 시장 또는 재목 도매상으로 달려가, 그곳에서 여러 가지 색상과 가격을 비교한 후, 당신의 거실에 적합한 조립식 합판 바닥재를 선택해 곧바로 사 들고 집으로 돌아온다.

안타깝게도 당신은 몇 가지 문제를 그냥 지나치고 말았다. 당신이 선택한 그 재목이 어느 지역에서 난 목재인지 아는가? 아메리카 대륙? 열대지방? 러시아? 아니면 유럽 최북단? 합판에 사용된 접착제의 성분은 무엇인가? 안료와 표면 코팅제에는 어떤 성분이 들어 있는가? 그 바닥재는 퇴비가 되거나 연소될 때 인간과 환경을 해치는 유독성 기체를 내뿜지 않는 물질인가?

바닥재를 구입할 때 신속성을 버리고 여유와 안전을 추구해보라. 목재 시장에 가지 말고 목수를 찾아가보라. 목수는 마루 널 한 조각 한 조각을 접착제를 사용하지 않고 원목을 깎아, 그 널로 튼튼하고 아름다운 마루를 탄생시킨다. 마루를 까는 작업은 약간의 손재주가 있는 사람이라면 직접 할 수도 있다. 나무 바닥재 가운데는 분리하거나 재사용할 수 있는 제품도 있으므로, 임대 주택에 사는 사람이나 훗날 이사가 예정되어 있는 사람도 한평생 나무와 함께 살 수 있다.

거실 바닥의 표면을 래커가 아닌 천연수지와 왁스로 처리하면, 그 바닥재는 언젠가 자연의 순환 궤도에 다시 오를 수 있다.

침대 옆에 둘 협탁을 사든, 집 전체를 나무로 지을 생각이든, 이 책에서 정의하는 품질 좋은 목재를 구하고자 한다면, 공급자를 선정하기 전에 다음 여덟 가지 질문을 유념하는 것이 유익할 것이다.

목재의 원산지는 어디인가?

한 대륙에서 다른 대륙으로 목재를 운반하는 일은 환경을 해치고 에너지를 소비한다. 이밖에도 이를테면 구소련과 같이 방사능 피해를 입은 지역에서 난 목재는 피해야 한다. 식수植樹와 육림을 고려하지 않은 남벌한 숲이 아니라, 환경 친화적으로 가꾼 숲에서 벌채한 나무를 선택하라.

TIP 재래종인 나무를 선택하면 판매자에게 꼬치꼬치 캐묻지 않고도 이와 같은 위험 요소를 사전에 차단할 수 있다. 경우에 따라 판매자도 정보에 취약할 수 있다.

나무의 나이는 몇 살이 좋은가?

나무의 나이는 목재의 내구성 및 안정성과 관계가 있다. 좋은 목재를 고르는 대략적인 기준은 다음과 같다. 침엽수는 수령이 120년 이상 된 것이 좋다. 자작나무나 오리나무와 같이 성장이 빠른 나무는 수령이 50년 이상 된 것이어야 하고, 적당한 속도로 또는 천천히 자라는 나무는 수령이 100년부터 200년에 이르는 것이 좋다. 여기에는 단풍나무·서양물푸레나무·너도밤나무·참나무·느릅나무 등이 속한다.

까다로운 가공이 필요한 작업일수록 목재의 나이가 중요하게 작용한다.

목재 내부 또는 표면에 화학물질이 있는가?

숲에 나무좀을 죽이는 살충제를 살포했다면 그 숲은 목재의 산지로 불합격이다. 바다를 건너 운송하는 경우에는 컨테이너 내부의 온도가 대단히 높기 때문에, 해충 방제를 위해 목재에 엄청난 양의 보호제를 바른다. 통나무를 육로로 외국의 제재소로 운송하는 경우에도 마찬가지다.

제재 과정에서 절단된 목재에 살균제를 도포하지 않은지, 야적된 통나무에 목재 보호제를 사용하지 않았는지 확인해야 한다.

특히 가공 단계에서 포름알데히드와 이소시아네이트isocyanate가 주원료인 합성수지 접착제를 사용하지 않는지 세심하게 확인해야 한다. 목재의 표면은 천연 기름·수지·왁스로 처리해야 하고, 합성화학 제품인 래커를 사용해서는 안 된다.

용도에 적합한 목재인가?

까다로운 원목 건축물에는 차분하게 자란 나무를 써야 한다. 이 경우 전문가에게 문의하기를 권한다. 전문 업체의 주소는 나의 홈페이지 www.thoma.at에서도 확인할 수 있다.

바닥과 같이 하중을 많이 받는 표면은 경도가 높은 목재가 적합하다. 여기에 적합한 재종으로는 너도밤나무·참나무·서양물푸레나무 등이 있다. 표면의 경도를 높이기 위해 코팅을 하는 일은 피하기 바란다.

옥외에 쓸 목재라면 기상 변화에 강한 수종이 좋다. 이를테면 가공하지 않은 낙엽송·참나무·로비니아 등이 적합하다.

언제 벌채했는가?

적기에 벌채한 나무는 안정성과 내구성이 뛰어나다. 건축용과 가구용 목재에 대해서는 다음 기준에 맞는지 확인하기 바란다.

첫째, 적합한 계절, 즉 겨울에 벌채했는가?

둘째, 달의 주기상 적합한 시기, 즉 그믐에서 초승 사이에 벌채했는가?(223쪽, 「건축·가구용 목재의 적합한 벌목 시기」 참조)

당신의 취향에 맞는, 정신적·육체적 건강을 위한 올바른 선택인가?

적합한 나무의 선택은 에너지, 균형, 조화, 높은 삶의 질을 의미한다. 어떤 나무가 당신에게 가장 잘 어울리는지 심사숙고하기 바란다. 낙엽송 바닥을 딛고 사는 일과 참나무 바닥을 딛고 사는 일은 서로 같지 않다.

확신이 서지 않는다면 샘플을 보여달라고 요구하라. 최상의 조언자는 언제나 당신 자신의 느낌이다.

선택한 목재가 그 쓸모를 다한 후 퇴비가 되는 과정 또는 연소 과정에서 유해 가스를 내뿜지 않고, 재와 흙으로 돌아가 어린 나무들을 위한 토양이 될 수 있는가?

합성화학 물질을 전혀 사용하지 않은 목재라면 이 질문에 '그렇다'고 대답할 수 있다.

제재 방식이 적합한가?

이를테면 온실 건축용 각목은 수심이 없어야 하고, 욕실 바닥재로 쓰려면 세로결의 나이테 무늬가 나오도록 제재해야 한다.

수심이 있는 각목은 갈라진다.

수심이 없는 각목이 훨씬 더 안정적이다.

욕실용 바닥재의 세로결 나이테 무늬.

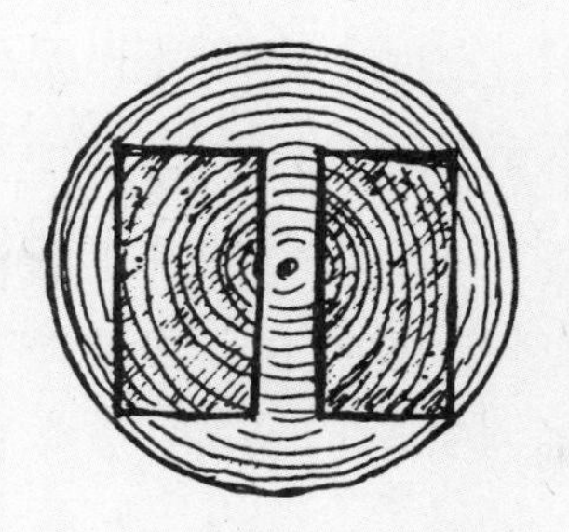

수심을 제외하고 제재한 온실용 목재.

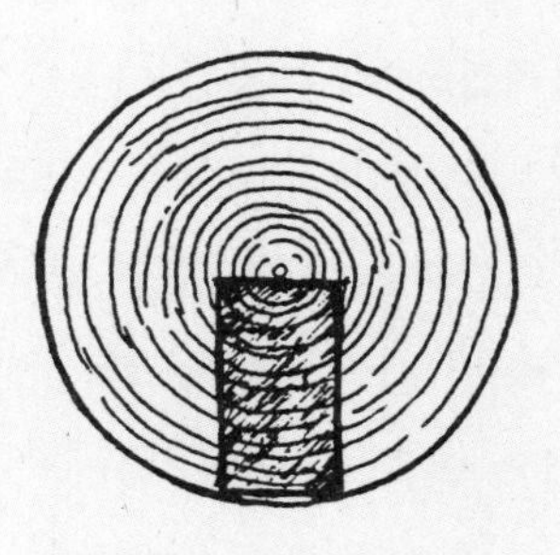

발코니 안전 난간용 기둥.

건축·가구용 목재의 적합한 벌목 시기

좋은 목재를 얻고자 한다면 다음 원칙에 따라 적합한 벌목 날짜를 스스로 정할 수 있다.

- **원칙1-겨울:** 나무의 생리적 겨울은 달력의 겨울과 일치하지 않

는다. 8월 마지막 주부터는 나무에 물이 오르지 않으며, 이듬해 1월 말부터 2월 사이에 다시 물이 오르기 시작한다. 따라서 나무의 겨울은 9월부터 이듬해 1월까지다. 추운 지역이나 고산 지대에서는 2월까지 이어지기도 한다. 언제가 좋을지 잘 모르겠다면 한겨울인 11월부터 1월 사이 중에서 날짜를 선택하라.

- **원칙2-달의 모양:** 나무의 겨울에 해당하는 기간에 달이 기우는 시기에 날을 선택하라. 이는 보름 다음날부터 초승까지에 해당하는 시기이며, 14일간이다. 학술적으로 증명되지 않은 이야기지만, 보름에 가까울 때보다 초승에 가까울 때가 더 좋다. 원칙1, 2를 지킨다면 건축자재와 기타 제품을 만들기에 대단히 훌륭한 목재를 얻을 수 있다. 나아가 별자리를 중시하는 사람들을 위해 세 번째 원칙을 소개한다.

- **원칙3-별자리:** 이 원칙은 단지 전통으로 내려오는 것이며, 아직까지 학술적으로 증명되지 않았다. 그럼에도 이 원칙을 지키고자 한다면, 원칙1과 원칙2에 해당하는 날들 가운데 산양자리, 처녀자리 또는 황소자리에 해당하는 날로 벌채 날짜를 정하면 된다.
  건축용 목재를 구하고자 한다면, 한겨울 달이 기우는 기간 중 산양자리에 해당하는 날이 좋다.

목재의 야적과
자연건조에 적합한 기간

건조 기간에 대한 예를 몇 가지 들어보면 다음과 같다.

건축자재(용도 및 필요에 따라 다름)	1~5년
침엽수 바닥재 및 거푸집	1~2년
활엽수 바닥재(참나무는 특히 오래 야적해야 함)	2~4년
가구용 목재	목재 두께 1센티미터당 1년

건축용 목재는 가공을 제대로 하는 경우, 건조 마감일을 완공 이후로 미루는 예외적인 경우도 있다.

한 가지 예를 들어보자. 천장을 잇는 각목은 제재소에서 제재한 후 몇 달 만에 시공할 수 있다. 단, 시공 후 모든 방향에서 바람이 통해야 하고, 눈이나 비를 맞지 않도록 철저하게 대비한 경우에 한한다. 아무튼 이와 같은 공법은 반드시 전문가와 상의한 후 결정해야 한다.

확신이 서지 않는다면, 가공 전 목재의 함수율이 약 20퍼센트에 달할 때까지 건조하는 편이 언제나 최상의 해결책이다.

자연적인 목재 보호

목재 보호에 일관되게 자연적인 방법을 적용하면 비용을 절약할 수 있다. 건축물을 자연적인 방법으로 보호하면 건축물의 내구성이 보장되는 동시에, 번거롭고 비용도 많이 드는 화학적인 보호 조치를 취하지 않아도 된다.

다음은 바이에른주 '하보HABO'사社에서 발표한 '건축생물학'이라는 제목의 공고문에서 발췌한 글이다.

> 화학적 보호제를 사용한 목자재로 1983년에 건축한 발코니가 정기적으로 페인트칠을 하여 관리했음에도 완전히 부패했다. 원인은 무엇보다도 건전한 목재 보호 조치를 무시한 데 있다. 나아가 이러한 현상은 화학적 목재 보호제가 옥외용 목재의 부패를 방지하지 못하며, 사용된 건축자재는 결국 특수 폐기물로 처리되고 만다는 사실을 여실히 보여준다.

이 「공고문」에는 이 밖에도 해당 발코니를 철거·폐기하고, 나이테가 촘촘한 고지대의 낙엽송을 달의 주기상 적기에 베어 발코니를 신축한 과정도 기록되어 있다.

발코니를 철거하는 데는 적지 않은 비용이 든다. 좋은 목재를 사용하고 자연적인 방식으로 보호한다면 지출하지 않아도 될 비용이다.

목재를 무엇으로부터 보호해야 하는가

숲에서 나무가 베어 넘어지면 그 순간 곤충과 진균류와 미생물들이 나무껍질과 목질, 이파리들을 분해하기 시작한다. 숲에서 일어나는 건전한 순환에 의해 모든 것이 비옥한 부식토로 돌아가고, 쓰러진 나무의 생명력을 품어 새로워진 땅에서 어린 나무들이 자란다.

우리 인간에게 자연의 순환을 지키는 생명체를 해로운 존재라고 부를 자격이 있을까? 나무를 분해하는 생명체에 '해충'이라는 낙인을 찍고 유독성 스프레이를 뿌려 박멸할 권리가 있을까? 이와 같은 오해와 무지 속에 우리는 결국 우리가 뿌린 살충제에 스스로 중독되고 말 것이다.

오히려 이들 진균류나 곤충들과 함께 살아가는 길을 모색하는 편이 바람직하지 않을까? 그 길을 모색하다보면 머지않아 이들 '해로운 생물'로부터 우리의 집과 목제품을 지킬 수 있는 간단한 방법을 찾게 될 것이다. 그 방법을 이용하는 데에는 1그램의 독성물질도 필요치 않다. 단지 집에 대한 약간의 상식만 있으면 충분하다.

나무가 부식토로 변하는 과정은 어디에서 일어나는가? 99.9퍼센트가 숲에서 일어난다. 탁 트인 하늘 아래 눈비를 맞으며.

그러나 우리가 사는 집에는 지붕이 있다. 지붕 아래 있는 목재의 함수율은 숲에 있는 목재와는 비교도 안 되게 낮다.

따라서 지붕 아래 설치된 자재는 나무를 분해하는 곤충과 미생물의 공격을 받을 위험이 애초에 차단되어 있다. 잘 마른 목재로 지은 집마저 피해를 입히는 곤충과 미생물의 종류는 한 손으로 셀 수 있는 정도다. 이런 곤충과 미생물까지 자연적인 방식으로 퇴치할 수 있다면 우리는 유독성의 목재 보호제로 인한 걱정을 완전히 떨쳐낼 수 있다.

이들 위험한 소수 미생물이 야기하는 위험을 방지하는 해법은 목재의 함수율에서 찾을 수 있다. 집을 지을 때 간단한 조치만 취하면 우리의 집을 완벽하게 보호할 수 있다.

진균으로부터 보호하는 자연적인 방법

다른 모든 생물체와 마찬가지로 진균류도 가급적이면 생장에 가장 좋은 환경을 찾는다. 그 환경은 함수율이 20퍼센트가 아니라 30퍼센트 이상인 곳이다. 다시 말해 건축자재의 함수율과는 한참 동떨어진 조건이다.

제재소에서 통나무를 제재해 만든 널판과 각목을 쌓아, 그 위를

진균이 목재를 분해하는 데 필요한 목재의 함수량

진균 종류	최저 함수율	최적 함수율
진황녹슨버짐버섯(*Serpula lacrymans*)	약 20%	30%
실버섯(*Coniophora puteana*)	20%	50~60%
조개버섯류(*Gloeophyllum*종)	20%	40~60%
구멍장이버섯(*Poria* 종)	20%	40%
청변균	30%	30~40%

베른하르트 라이세(Bernhard Reiße)의 『목재를 다루는 자연의 방법』
(하이델베르크, 1994)에서 발췌.

덮은 뒤 자연건조하면, 목재의 함수율은 날씨에 따라 12~20퍼센트까지 떨어지고, 그다음 가공 단계에서 더 떨어진다. 가구용이든 바닥재든, 벽이나 지붕에 쓸 재목이든 다 마찬가지다.

지붕용·옥외용 목재의 경우 함수율은 날씨에 따라 12~18퍼센트에 이른다. 난방을 한 실내의 경우 목재의 함수율은 계절에 따라 6~10퍼센트 사이에서 오간다. 따라서 발코니와 테라스를 제외하면 가옥에 사용된 목재에서는 진균이 생존할 수 있는 환경이 어디에도 조성되지 않는다. 실제로 함수율이 20~25퍼센트에 이

목재를 제대로 야적하고 자연건조 하는 조치만으로도
진균으로 인한 피해를 예방할 수 있다.

를 때 진균에 의해 목재가 파괴된 사례는 극히 드물다.

결론적으로, 목재의 함수율이 20퍼센트 미만이면 어떤 진균도 생장하지 않는다. 잘 마른 목재를 쓴다면 목재를 보호하기 위해 살충제와 같은 화학물질을 사용하지 않아도 된다.

목재를 진균으로부터 보호하기 위해 유의해야 할 점은 단 두 가지뿐이다.

방수 시공

이 주제만으로도 책 한 권을 쓸 수 있을 정도로 할 말이 많다. 여기서는 건축주, 건축가, 건축생물학자, 목수가 일관되게 지켜야 할 점 몇 가지만 소개하겠다.

- 지붕을 잇기 전에 건축자재를 수개월에 걸쳐 눈비에 노출시켜서는 안 된다.
- 충분히 오래 야적하고 건조한 목재를 사용한다.
- 처마의 길이를 충분히 잡는다. 비와 직접적인 접촉을 방지하는 편이 합성화학 약품을 사용하는 방법보다 몇 배는 더 효과적이다. 오래된 목조건물에는 모두 처마가 넉넉하게 설치되어 있다.

처마를 이용한 보호.

• 습한 땅과 접촉을 피한다. 벽체와 기둥 등을 지표면에 바로 세우거나 땅속에 박지 않는다. 석재 또는 벽돌로 된 축받이나 하부구조물을 설치한다.

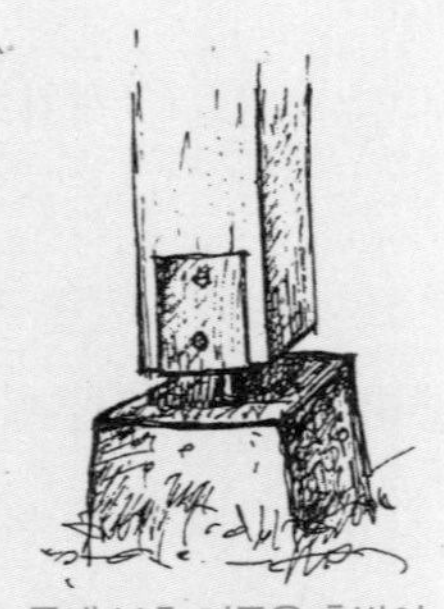

목재 보호 기둥용 축받이.

• 목조 건축물에서 눈비에 노출되는 모든 부분은 물이 완전히 흘러내릴 수 있도록 시공한다. 벽면의 경우 널판을 수평으로 이은 벽면이 수직으로 이은 벽면보다 효과적이다.

목재 보호 석재 하부 구조물.

• **후방 통풍:** 목조 건축물의 모든 부분에 가능하면 충분한 공기가 통하도록 조치한다. 목재 단열재는 가로 방향의 슬레이트에 부착하고, 그 뒤로 바람이 통하도록 한다.

목재 단열재의 후방 통풍.

• **결로, 방풍 비닐:** 패시브 하우스(최소한의 냉난방으로 적절한 온도를 유지할 수 있게 설계된 주택—옮긴이)를 비롯한 에너지 절약형 주택이 발달하면서 점점 더 두꺼운 단열재와 방풍 비닐을 사용하게 되었다. 그러나 오늘날 이와 같은 공법으로 인해 여러 가지 심각한 문제가 나타나고 있다. 고밀도 방수 벽재를 사용한 건축물에 결로 현상으로 피해가 증가하자, 이와 같은 공법은 도마 위에 올랐다. 피해 당사자에게는 끔찍한 일이 아닐 수 없다.

대부분의 경우 하필 제품보증 기간이 막 지난 후에 문제가 발생한다. 시공사는 파산한 경우가 드물지 않고, 심지어 사라지고 없는 경우도 있다. 곰팡이 범벅이 된 집을 철거하는 현장은 아파트 등 대규모 주택 단지인 경우가 대부분이다. 이 때에도 목재는 최상의 해법을 제시한다. 아파트를 짓는 데 드는 비용이면 다수의 에너지 자급형 목조 가옥을 지을 수 있다. 약 30센티미터 두께의 원목 벽재를 장부맞춤으로 시공하면 방풍 비닐이나 단열재를 쓰지 않아도 되고, 복잡한 건축기술을 도입할 필요 없다. 나무 벽은 시공 후에도 숨을 쉬므로, 결로 현상은 100퍼센트 방지된다.

목재 보호 공법으로 집을 짓기 위해서는 이와 같은 작업을 매우 중요하게 여기는 목수가 필요하다. 현재 이와 같이 작업하는 목수가 없지 않으며, 그 수는 점차 늘어나고 있다. 목재 보호 공법을 실행하는 업체와 연락처는 나의 인터넷 홈페이지 www.thoma.at에서 확인할 수 있다.

극히 드문 예외 – 진황녹슨버짐버섯

매우 드문 경우이기는 하나, 함수율이 20퍼센트 미만인 목재에서도 생장할 수 있는 진균류가 하나 있다. 바로 진황녹슨버짐버섯이다. 이 버섯이 생장하기 위해서는 목재의 함수율이 20퍼센트 이상 되어야 하지만, 일단 생기기 시작하면 최대 1센티미터 굵기로 몇 미터에 이르는 띠를 형성하여 인근의 마른 나무에 수분을 옮기므로, 결국 그 나무까지도 피해를 입는다.

진황녹슨버짐버섯으로 인한 피해를 미리 방지하려면 어떻게 해야 할까? 집을 시공할 때 잘 마른 목재를 사용했다면 집 주변에서 진황녹슨버짐버섯의 '부화 장소'를 없애는 조치만으로 충분하다. 부화 장소란 곰팡이가 슨 목재 더미나 낡은 목조건물에서 나온 썩은 목재 쪼가리를 가리킨다.

만의 하나 이미 진황녹슨버짐버섯의 습격을 받았다면 해당 자재를 과감하게 새것으로 바꾸는 동시에, 하부구조물이나 시멘트 축받이에 붙어 있는 버섯도 제거해야 한다. 이때 용접용 버너를 이용하면 쉽게 제거할 수 있다. 참고로 우리 업체가 목조 건축 사업을 시작한 이래로, 제대로 야적하고 건조한 목재로 지은 집에서 진황녹슨버짐버섯으로 인한 피해가 발생한 경우는 단 한 건도 없었다. 그러므로 내 집이 진황녹슨버짐버섯의 습격을 받을까봐 지레 겁먹을 필요는 없다.

곤충으로부터 보호하는
자연적인 방법

곤충의 경우도 진균류와 상황이 유사하다. 잘 마른 목재는 곤충들에게 적합한 삶의 터전을 제공하지 않는다. 마른 목재에서도 살아

남는 곤충은 단 세 종류뿐이다.

이론적으로 이 세 종류의 곤충들만이 잘 마른 목재로 시공된 곳에서도 생존한다. 얼핏 생각하면 목조건물과 목제 물건에 매우 위험해 보이지만, 정말로 얼핏 생각할 때만 그렇다. 제대로 지은 목조건물들이 어떻게 이들 해충 삼총사의 위협에도 몇 세기 동안 버틸 수 있었는지 자세히 알아보자.

- **넓적나무좀:** 원래 넓적나무좀은 유럽에는 없는 곤충이었다. 아마도 열대지방의 목재를 수입할 때 목재에 묻어 들어왔을 것이다.

넓적나무좀은 마른 나무도 갉아먹는 능력이 있지만, '서늘한' 기후대에서는 그 능력을 제대로 발휘하지 못한다. 넓적나무좀에게 유럽의 수종은 즐길 만한 것이 못 된다. 침엽수는 전혀 좋아하지 않고, 활엽수 중에서는 단풍나무와 같이 목질이 밝은 수종이나 줄기 중 변재가 밝은 수종만 좋아한다.

다시 말해, 소나무·전나무·가문비나무·낙엽송과 같은 침엽수로 지은 건물이나 가구는 넓적나무좀의 피해를 입을 위험이 전혀 없다. 밝은 활엽수로 짠 가구의 경우도 위험성은 매우 낮다. 세심한 목수라면 넓적나무좀의 습격을 받은 목재를 가공할 리 없다. 열대지방 출신인 이 침입자는 유럽과 같은 기후대에서는 이 집에서 저 집으로 날아다니지도 못한다. 따라서 넓적나무좀에 의한 피

목재를 분해하는 주요 곤충이 생존할 수 있는 환경

곤충	온도	목재의 함수율
넓적나무좀(*Lyctus brunneus*)	11~38℃	9~6%
일반가구좀(*Anobium punctatum*)	14~29℃	12~50%
집하늘소(*Hylotrupes bajulus*) 침엽수에만 서식	32℃ 이하	7~28%

베른하르트 라이세(Bernhard Reiße)의 『목재를 다루는 자연의 방법』
(하이델베르크, 1994)에서 발췌.

해는 사실상 걱정하지 않아도 된다.

그럼에도 가구에 넓적나무좀이 슬었다면, 가구를 겨울철에 발코니 같은 옥외에 하룻밤 내놓으면 알까지 포함해 완전히 박멸할 수 있다.

따라서 이 외래종의 곤충은 유럽산 목재에게 어떠한 위협도 되지 않는다.

- **일반가구좀**(사번충, 빗살수염벌레과 곤충): 일반가구좀은 이론적으로 목재의 함수율이 12퍼센트만 되면 살 수 있지만, 생존에 최적인 함수율은 약 30퍼센트다. 일반가구좀이 '자의로' 마른 나무를 찾는 일은 없다. 난방을 한 실내의 경우 목재의 함수율은 6~12퍼센트 사이이므로 일반가구좀이 아예 생존

할 수가 없다.

일반가구좀이 번식하는 주된 원인은 시공할 때 덜 말랐거나 이미 좀이 슨 목재를 쓰기 때문이다. 따라서 목재를 절단하여 통풍이 잘 되는 곳에 야적해 건조하고, 오로지 '깨끗한' 목재만 사용한다면, 일반가구좀의 습격은 거의 완벽하게 차단할 수 있다. 이미 피해를 입은 경우, 열을 가하면 유독물질을 사용하지 않고 박멸할 수 있다(집하늘소 참조). 가구나 소규모의 목제품은 전통 방식의 건조실을 이용하면 침입자를 완전히 내쫓을 수 있다.

- **집하늘소:** 집하늘소는 모든 해충을 통틀어 목조건물에 가장 많은 피해를 입히는 곤충일 것이다. 그렇다 하더라도 목재를 현명하게 다루면 우리의 목조건물이 실제로 피해를 입는 사태는 발생하지 않는다.

  집하늘소의 몇 가지 특징

  - 집하늘소는 침엽수는 공격하지 않는다. 활엽수만 공격한다.
  - 집하늘소가 알을 낳기 위해서는 작은 틈이 필요하다. 따라서 갈라진 틈이 없는 판재에서는 번식이 어렵다.
  - 집하늘소는 장소에 집착한다. 집하늘소로 인한 피해가 확인되지 않은 지역에 이 곤충이 나타날 가능성은 극히 미미하다. 안전을 기하기 위해 해당 지역의 목수나 목공에게 문

의하는 방법도 나쁘지 않다.

- 시간이 흐르면 목질부의 단백질과 전분이 줄어든다. 지은 지 30년에서 50년 된 건축물은 자연스럽게 집하늘소의 외면을 받는다.

집을 지으려는 지역이 전형적인 집하늘소 서식지라면, 다시 말해 집하늘소 피해가 확인된 지역이라면, 다음과 같은 방법으로 합성화합 물질 없이 목재를 보호할 수 있다.

건축물의 나이와 집하늘소에 의한 피해 발생 가능성의 상관관계

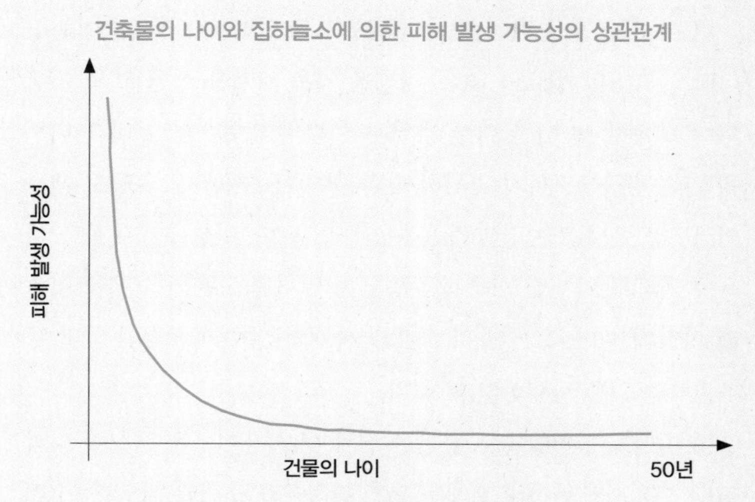

그래프에 나타나 있듯이, 이미 시공된 재목에 집하늘소에 의한 피해가 발생할 가능성은 시공된 지 오래된 재목일수록 확연히 줄어든다. 즉 오래된 목조 가옥일수록 피해 발생 위험이 낮다. 전문가들에 따르면 시공 후 50년이 지난 재목은 사실상 집하늘소의 습격으로부터 안전하다.

- 적기에 벌채한 목재를 사용한다.
- 시공 전에 모든 자재에 붕소염 제제를 바른다. 붕소염은 합성에 의해 분자구조가 변형되지 않은 천연의 물질로, 건축생물학자들이 무해 판정을 내린 물질이다.
- 목질부에서 장수하늘소의 양분이 되는 성분 또는 이 곤충을 유혹하는 성분은 급속도로 감소한다. 따라서 장기간에 걸친 야적이 무엇보다 중요하다. 시공 전에 몇 년에 걸쳐 야적하는 편이 최상의 해법이다.

이 사실을 알기 전에 이미 집하늘소로 인해 피해를 입었다 하더라도 걱정할 필요는 없다. 피해를 입은 자재를 섭씨 55도 이상의 온도에서 세 시간 이상 가열하면 목재 표면뿐만 아니라 내부에 있는 집하늘소까지 완전히 박멸된다. 가구와 같은 소규모 제품이라면 사우나 또는 건조실을 이용하면 된다. 지붕틀이나 목조 가옥에 피해가 발생한 경우 전문업체에 맡기면 고온의 기체를 이용해 처리해 준다. 시공된 지 오래된 목재의 경우 성공적인 박멸 후 재발하는 일은 사실상 거의 없다.

이 밖에도 집하늘소를 관찰한 결과 매우 흥미로운 사실이 밝혀졌다. 야외박물관이나 오래된 목조 건축물을 둘러본 사람은 이 건물들이 과거에 집하늘소의 습격을 받은 적이 있다는 사실을 확인할 수 있다. 타원형으로 파인 구멍들이 그 증거다. 그럼에도 이들 건축물 가운데 위험할 정도로 심각한 피해를 입은 건축물은 거의 발견되지 않는다.

그러면 집하늘소는 왜 그토록 일찌감치 물러났을까?

집하늘소는 오래된 목재를 좋아하지 않을 뿐만 아니라, 예외 없이 변재만 좋아한다. 즉 수피로부터 몇 센티미터까지만 파고든다. 대부분의 건축자재는 심재로 되어 있으므로 집하늘소 애벌레의 입맛에는 맞지 않는다.

끝으로, 집하늘소를 발견하더라도 당황할 필요가 전혀 없다. 집하늘소가 판 구멍에 붕산염을 뿌리기만 해도 대부분은 퇴치할 수 있다.

더구나 애벌레가 성충이 되기까지 몇 년이 걸리므로, 다른 곳까지 피해가 번질 위험도 없다. 집하늘소가 목재를 심하게 갉아먹은 흔적이 발견되면, 그때 고온가스 등을 이용해 박멸하면 된다.

우리가 적합한 재종을 선택해 적기에 벌채한 후, 제대로 야적하고 건조할 뿐만 아니라 시공 단계에서부터 목재를 보호하는 공법을 이용한다면, 목재를 보호하기 위해 유독성 화학물질을 사용할 필요가 전혀 없다. 오랜 옛날에는 오로지 돌과 가공하지 않은 목재만으로 집을 지었다. 그럼에도 이러한 건축물은 수천 년에 걸쳐 온전하게 유지되고 있다.

옥외용 목제 구조물

노천의 목재는 원래 분해되어 부식토로 돌아가게 되어 있는 물질이다. 매일 비바람에 노출된 목재가 영원히 유지되리라는 생각은 환상이다.

그러나 옥외에서 이용하는 목제 구조물도 자연적인 방법을 이용해 그 수명을 효과적으로 연장할 수 있다.

낙엽송을 비롯한 몇 가지 재종은 가문비나무나 소나무 등에 비해 날씨로 인한 부식 속도가 몇 배나 느리다. 눈비에 강한 수종을 선택하고 가공 때 몇 가지 조치를 취한다면, 부식 속도를 더욱더 늦출 수 있다.

몇 가지 예를 들어보자. 옥외 테라스에 사용된 재목은 조건이 불리한 경우 시공 후 3년이 지나면 부서지기 시작한다. 불리한 조건이란, 이를테면 웃자란 가문비나무나 소나무를 여름철에 베어, 물이 잘 빠지지 않도록 시공한 상태를 일컫는다.

반면, 높은 산에서 천천히 자란 낙엽송을 적기에 벌채하여 제대로 시공한 테라스는 30년까지도 유지될 수 있다. 참나무의 심재만으로 지은 테라스도 수십 년은 버틸 수 있다. 다만 이 경우는 비용이 많이 든다는 단점이 있다.

물뿐만 아니라 나사를 박는 등 목재의 섬유질을 파괴하는 행위도 옥외용 목제 구조물에 나쁜 영향을 미친다. 나사머리가 섬유질

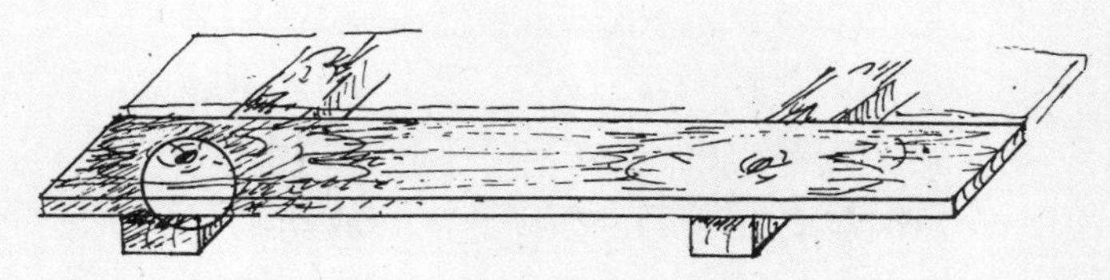

수평으로 시공한 판재는 물이 잘 빠지지 않으므로 목재의 수명이 절반으로 줄어든다.

을 가르면 그곳에 물이 고이기 쉽다. 따라서 나사가 박힌 부분은 원래 수명의 절반도 지나지 않아 부식하는 경우가 적지 않다.

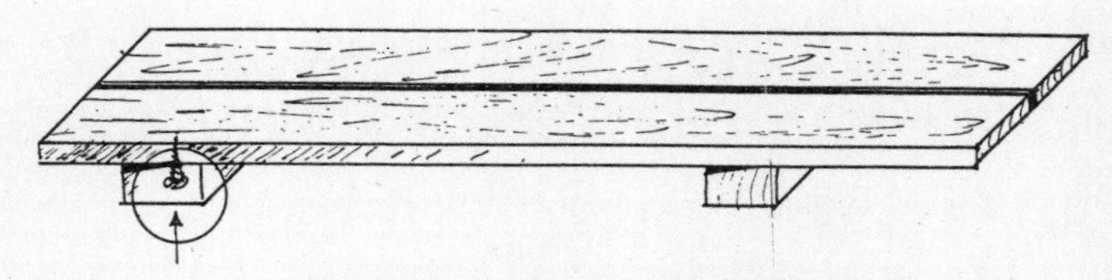

나사를 밑에서 위로 박고 비스듬히 시공한 테라스 판재.

테라스가 너무 넓어 밑에서 위로 나사를 박기 어려운 경우에는 적당한 면적으로 나누어 시공해야 한다.

이 원칙은 발코니 바닥재를 비롯하여 유사한 모든 구조물 시공에 적용된다.

테라스의 경우 판재를 받침목 위에 약간 비탈지게 놓는데, 받침목의 너비는 판재보다 좁아야 한다. 테라스가 전체적으로 약간의

널판 지붕을 인 발코니 난간.

경사를 이루어야 물이 잘 빠진다.

옥외용 목제 구조물은 평면이 정확히 수평을 이루지 않는 편이 좋다. 낙엽송·참나무·로비니아 등 눈비에 강한 재래종을 적기에 베어, 여기에 이 단순한 지식을 결합하면 그 구조물은 화학적 목재 보호제를 사용할 때보다 더 오래 사용할 수 있다.

발코니 난간에 널판 지붕을 설치하면 난간의 수명을 몇 배로

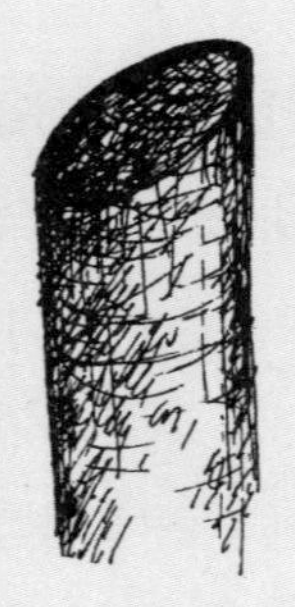

비스듬히 절단한 기둥.

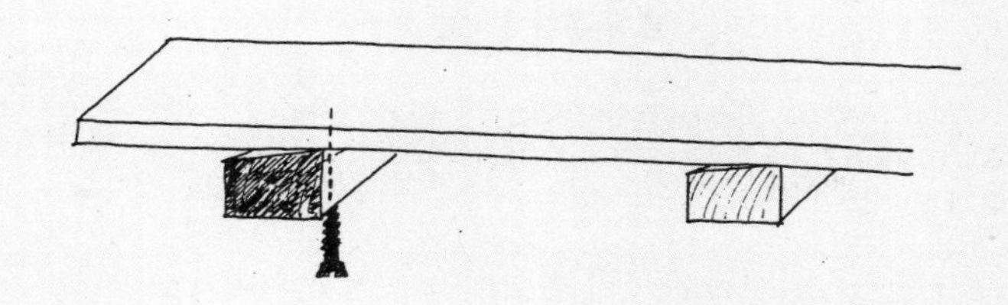

연장할 수 있다.

정원 울타리의 기둥을 비스듬히 자르면 화학적 보호제를 칠할 때보다 훨씬 더 오래간다.

수평의 바닥을 포기할 수 없다면 나이테 무늬가 세로로 나타나는 널판을 사용하고, 밑에서 위로 나사를 박는다.

목재, 숨쉬게 하자

지난 수십 년에 걸쳐 관리하기 힘든 건축자재로 꼽힌 재료 가운데 목재만큼 부당한 평가를 받은 것도 없을 것이다. 동시에 목재만큼 유해한, 부분적으로 유독하기까지 한 도료를 많이 칠하는 건축자재나 공작용 자재도 없을 것이다. 많은 사람들이 어떻게 해야 목재의 표면을 잘 관리하고 보호할 수 있는지 모르고 있다.

살아 있는 목재를 원한다면 천연도료를 사용하거나 아예 아무것도 바르지 않는 편이 좋다.

목재 용도에 따른 칠하기

대상	내구성 강화, 기능 유지	관리 간편화	외관상 효과 외 불필요
목재 장난감		▼	▼
가 구		◆	
바 닥 재		◆	
벽재, 피복 내장재		▼	
벽재, 피복 외장재	▼		▼
옥내용 건축자재			◆
온 실		▼	◆
천 장			◆
창 틀	◆		
문		◆	
정원용 가구	▼		
옥외구조물(정자, 테라스, 울타리 등)	▼		▼
도구 손잡이			◆

◆ 권유 사항.
▼ 필수 사항은 아니나 효과는 있음.

천연도료는 식물성 기름·수지·천연 왁스·광물질 등 자연에서 채취한 물질로 만든다.

도료를 구입할 때는 성분이 모두 표시되어 있는 제품을 선택하

라. 살아 숨 쉬고, 목재의 미세한 구멍을 막지 않는 제품이 목재용으로 좋은 도료다. 그래야만 칠한 뒤 외관도 좋고, 목재 자체도 숨을 쉴 수 있다. 따라서 표면의 온기가 유지되고, 습도를 조절하는 효과도 누릴 수 있다.

햇빛과 목재

먼저 이 주제는 주로 외벽과 같은 건물 외부 영역의 목재 표면에 관한 내용이라는 점을 밝혀둔다. 건물 내부의 경우 햇빛은 가벼운 변색 외에는 목재에 흔적을 남기지 않는다.

모든 사람의 얼굴과 머리색이 똑같은 상황을 상상할 수 있는가? 다행히도 그렇지는 않다. 우리는 아이들에게 머리가 하얗게 센 노인을 공경하라고 가르친다. 얼굴에 팬 굵고 가는 주름은 수십 년의 알찬 인생을 말해주는 놀랍고도 감동적인 징표다.

우리는 어린 시절에 할아버지 곁에 앉아, 거북이 등 같은 손등에 불거진 핏줄을 우리의 여린 고사리 손으로 만지곤 했다. 손가락으로 할아버지의 손등에 난 핏줄을 눌렀다 뗐다 하며, 눌렀던 핏줄에 피가 흘러 다시 부풀어 오르는 모습을 지켜보는 일은 참으로 즐거운 놀이였다. 누군가 수십 년을 목수로 살아온 할아버지의 손에서 우리 아이들의 손과 똑같은 피부색을 기대한다면 이는 참으로 이해할 수 없는 일이다.

그러면서 왜 우리는 나무로 지은 집은 영원히 젊어 보이기를 원할까? 노란색이든 갈색이든 다른 어떤 색이든, 우리는 왜 목조 가옥의 모든 외벽에 똑같은 색조의 칠을 입히고, 시간이 흘러도 그 색조가 변함없이 유지되기를 바랄까? 오랜 옛날에 지은 목조 건축물 가운데는 칠을 하지 않은 건축물이 매우 많다. 목조 건축물의 수명은 페인트칠과는 아무런 관계가 없다.

많은 사람이 목조 가옥의 담백한 민낯을 있는 그대로 즐기지 못하고 붓과 페인트로 화장을 한다. 그러나 몇 년이 지나지 않아 군데군데 칠이 벗겨지고, 집주인은 사포와 철수세미를 동원해 페인트를 완전히 벗겨내느라 힘들여 담벼락을 문지른다. 목조 가옥에 사는 즐거움은 반감되기 마련이다.

"하지만 외벽에 칠을 하지 않으면 얼룩이 생기고, 나중에는 회색과 갈색으로 변하잖아요!" 목조 가옥에 사는 많은 사람이 이와 같은 걱정과 우려를 떨치지 못한다.

당신의 집 외벽을 올바르게 관리하는 방법을 소개하기 위해, 먼저 햇빛이 목재에 미치는 영향에 대해 간단히 말하고자 한다.

목재를 삭히고 분해하는 작용

자외선은 기본적으로 목재를 가볍게 분해한다. 그러나 자외선에 의한 분해는 수백 년 동안 지속되어야만 그 흔적이 나타날 정도로 느리게 진행된다. 따라서 시공 단계에서부터 제대로 가공 처리한 목재는 자외선 차단용 도료를 칠할 필요가 없다. 자외선 차단 목적의 도포를 권유할 만한 곳은 오로지 창틀뿐이다. 여기에도 물론 무해한 천연의 칠감을 사용해야 한다.

색소가 햇빛을 차단한다는 말은 기본적으로 맞는 말이다. 그러나 목재의 색이 자연스럽게 바래도록 내버려둘 때 자외선 차단 효과도 가장 높게 나타난다. 너무 밝게 칠하면 기대했던 자외선 차단 효과를 볼 수 없다. 너무 어둡게 칠하면 태양열에 의해 목재의 온도가 부자연스럽게 올라간다.

한여름에 짙은 색의 옷을 입고 태양 아래 장시간 머물면 피부가 더 잘 탄다는 사실을 알고 있는가? 그렇다면 목재 외벽이 도료라는 짙은색의 옷을 입은 채 일광욕을 할 때 그 내부 온도가 오른다는 사실을 짐작하기 어렵지 않을 것이다. 목재의 온도에서 나타나는 일교차는 어두운 색을 칠한 경우 더욱 커진다. 따라서 목재는 더욱 심하게 갈라지고, 그 결과 의도했던 목재 보호는커녕 오히려 그 반대의 효과만 거두게 된다.

목재는 몇 년 지나지 않아 스스로, 그 어떤 칠감보다 더 효과적으로 적외선을 차단하는 조치를 취한다. 햇빛을 받은 목재는 색이 변한다. 변색의 정도는 건물의 각 부분마다 다르게 나타난다. 즉 햇볕이 내리쬐는 방향에 따라 최상의 보호색을 띠게 된다.

수백 년 전에 지은 목조 가옥이 여전히 무너지지 않고 유지되는 이유는 도료를 칠하지 않은 채 햇빛을 받으며, 자외선을 최상으로 차단할 수 있는 색조로 변했기 때문이다. 목조건물의 각 부분을 하나하나 뜯어보면, 각 부분마다 각기 다른 색조를 띠고 있는 모습을 확인할 수 있다. 자연의 색은 한 가지가 아니다. 그럼에도 우리는 우리의 집을 온통 한 가지 색으로만 칠해야 할까?

이야기를 하다보니 햇빛의 영향 중 두 번째인 변색 작용에 관한 이야기를 벌써 해버렸다. 이제 이 작용에 대해 본격적으로 알아보자.

시각적인 효과를 동반하는 변색 작용

이 책을 쓰는 의도는 개인적인 취향이나 모델에 대해 논하자는 뜻이 아니다. 그럼에도 이 자리를 빌려 몇 가지 고려할 점을 제시하고자 한다. 이 글을 읽고 나면 집을 바라보는 당신의 시각이 새롭게 열릴지도 모른다. 사진작가가 아름답고 조화로운 그림을 얻기 위해 찾는 건물은 대부분 칠을 한 적이 없는 고택이다. 건물에 드러난 세월의 흔적은 백 마디 말보다 더 많은 내용을 말해준다. 이러한 집은 그 주변과 조화를 이루고 있다.

건축가나 건축주들 가운데 자신이 짓는 집이 햇빛과 비바람에 의해 자연스럽게 색이 변하도록 내버려두는 사람은 별로 없다. 왜 그럴까? 비용 때문은 아닐 것이다. 햇빛은 공짜니까.

우리가 야외 박물관에 갈 때면 햇볕에 갈색으로 그을린 오랜 외벽을 보며 감탄하곤 한다. 그런데 차를 타고 시골길을 달릴 때 눈에 보이는 집들은 대부분이 새로 지은 집이다. 이때 당신은 분명 이런 생각을 할 것이다.

"야외 박물관에서 고택을 보면서 멋있다고 말한 사람은 다 어디 갔나?" 집 전체가 똑같은 색으로 칠해져 있는 모습을 보니, 박물관에 왔던 사람들이 자기 집에 도착한 후에는 고택을 보고 받은 느낌을 깡그리 잊어버린 모양이다.

페인트통과 붓을 들기 전에 한 가지 더 생각할 점이 있다. 노동과 재료 및 추가적인 수리에 드는 비용을 계산해보았는가? 벽재를 처음부터 제대로 시공하면 이 비용을 전체적으로 대폭 줄일 수 있다. 그러나 시공 단계에 이미 문제가 있는 건물이라면 이 세상의 그 어떤 페인트로도 유지할 수 없다. 이 경우 우선 시공상 오류부터 제거해야 한다.

끝으로, 만약 목조 가옥의 자연스러운 변색을 아무래도 받아들이기 어렵고 반드시 칠을 해야겠다면, 당신의 건강과 환경을 해치는 도료는 피하기 바란다. 좋은 천연 도료는 전문업체를 통해 구할 수 있다. 제품에 모든 성분을 표시하는 업체는 믿을 만한 업체라고 볼 수 있다.

톱질만? 아니면 대패질도?

자외선과 비바람으로부터 목재를 보호하는 문제와 관련하여 흔히 하는 질문이 있다. 옥외에 노출되는 목재의 표면은 대패질을 해야 하는가? 아니면 톱질만 한 상태로 사용해야 하는가?

대패질을 해야 한다고 주장하는 사람들이 내세우는 근거는 다음과 같다.

- 표면이 매끄러우면 물이 더 잘 빠지므로 목재가 빨리 마른다.
- 1층 벽면이나 발코니 등 손이 직접 닿는 부분의 표면은 대패질을 해서 목재가 조각조각 부서지지 않도록 해야 안전하다.
- 표면에 칠을 할 경우 대패질을 했을 때 도료가 훨씬 적게 든다.
- 외관상 더 보기 좋다.

흔히 대패로 매끈하게 민 표면보다 대패질을 하지 않은 표면이 빗살수염벌레과의 곤충들이 알을 낳기에 더 적합하다고 주장하는데, 필자는 이 견해에 동의하기 어렵다.

해충으로부터 목재를 보호하는 방법은 일차적으로 잘 건조한 목재를 사용하는 데 있다. 용도에 맞는 수종을 적기에 벌채하여, 완공 후에도 건조한 상태를 유지하도록 시공한다면, 해충으로 인한 목재의 피해는 충분히 예방할 수 있다.

톱질만으로 충분하다는 주장은 다음과 같은 이유에 근거를 두고 있다.

- 대패질에 드는 비용을 절감할 수 있다.
- 같은 두께의 판재를 가공할 때 대패질을 생략하면 허비하는 목재를 줄일 수 있다.
- 벽면에 칠을 하지 않을 경우, 대패질을 한 표면에는 심한 얼룩이 생기기 쉬운 반면, 대패질을 하지 않은 표면은 색이 균일하게 변하므로 외관상 보기가 더 좋다.

독자와 함께하는 네트워크

이 책을 다 읽은 독자는 분명 한 가지 또는 그 이상의 내용에 대해 매우 놀랐을 것이다. 어쩌면 개인적인 문제에 해답을 얻거나 해결책을 구할 방도를 찾은 사람도 있을 것이다. 또 이 책에서 소개한 사례나 지식을 자신의 삶에서 확인한 사람도 있으리라 믿는다.

내가 제재소를 운영하면서 자연의 법칙을 따르고 자연의 순환과 리듬을 존중하기 시작한 이후, 많은 사람이 우리의 작업방식을 다각도로 지원해주었다. 이들이 내미는 도움의 손길에 나는 많이 놀랐고, 기뻤고, 이루 말할 수 없이 고마웠다. 그 감동은 날실과

씨실이 되어 하나의 네트워크로 재탄생하기에 이르렀다. 이 네트워크는 서서히 그리고 꾸준히 커갈 것이다.

독자 여러분에게 이 네트워크를 함께 키워가자고 제안해도 될까? '나무와 함께 하는 삶'과 관련하여 흥미로운 경험을 했거나 자료와 정보를 가지고 있는 독자는 아래 주소로 알려주기 바란다. 우리는 독자의 소중한 제보를 모든 사람과 공유하기 위해 함께 노력할 것이다.

info@thoma.at

www.thoma.at

또는

오스트리아 5622 골트에크

하스링 35

에르빈 토마

감사의 말

나무와 함께하는 삶

이 책을 쓰는 데 도움을 주신 모든 분께 감사한다.
이 책을 다른 사람에게 빌려주거나 선물하여
나무가 전하는 메시지를 널리 알린 분께는
특별한 감사의 뜻을 전하는 바다.

에르빈 토마

나무가 자라는 모습을 보았다

목수 할아버지가 전하는 나무의 매력, 인생의 지혜

펴낸날 초판 1쇄 2018년 7월 25일
초판 2쇄 2018년 11월 22일

지은이 에르빈 토마
옮긴이 김해생
펴낸이 심만수
펴낸곳 (주)살림출판사
출판등록 1989년 11월 1일 제9-210호

주소 경기도 파주시 광인사길 30
전화 031-955-1350 팩스 031-624-1356
홈페이지 http://www.sallimbooks.com
이메일 book@sallimbooks.com

ISBN 978-89-522-3943-3 03520

※ 값은 뒤표지에 있습니다.
※ 잘못 만들어진 책은 구입하신 서점에서 바꾸어 드립니다.

이 도서의 국립중앙도서관 출판예정도서목록(CIP)은 서지정보유통지원시스템 홈페이지 (http://seoji.nl.go.kr)와 국가자료종합목록시스템(http://www.nl.go.kr/kolisnet)에서 이용하실 수 있습니다.(CIP제어번호: CIP2018022013)

책임편집·교정교열 서상미 박하빈 이상준